ChatGPT+Dall·E 3

AI提示文案
与
绘画技巧大全

AIGC文画学院
——编著——

化学工业出版社

·北京·

内 容 简 介

10大专题内容讲解＋30多个专家提醒＋90多个效果文件＋130多个实操案例解析＋150多分钟同步教学视频＋430多张图片全程图解，随书还赠送了200多个AI绘画关键词等资源。

本书具体内容从以下两条线展开。

一条是AI文案线，详细介绍了ChatGPT 4的使用技巧，包括插件应用、提问技巧、高效提问、文案实战等，帮助读者步步精通使用ChatGPT创作AI文案。

一条是AI绘画线，详细介绍了Dall·E的使用技巧，包括快速上手、绘画指令、风格指令、高级玩法、绘画实战等，从绘制艺术插画、海报设计到工业设计、商业LOGO，应有尽有！

本书适合：一是想要了解ChatGPT 4和Dall·E 3的读者，包括AI文案创作者、AI绘画爱好者、AI画师、AI绘画训练师等；二是相关行业从业者，包括文案工作者、营销人员、自媒体人、插画设计师、包装设计师、电商美工人员、插图师、影视制作人员等；三是作为相关培训机构、职业院校的参考教材。

图书在版编目（CIP）数据

ChatGPT＋Dall·E 3：AI提示文案与绘画技巧大全 /AIGC文画学院编著. —北京：化学工业出版社，2024.6

ISBN 978-7-122-45422-5

Ⅰ.①C… Ⅱ.①A… Ⅲ.①人工智能 Ⅳ.①TP18

中国国家版本馆CIP数据核字（2024）第072502号

责任编辑：吴思璇　李　辰　　　　　　　　封面设计：异一设计
责任校对：王　静　　　　　　　　　　　　装帧设计：盟诺文化

出版发行：化学工业出版社（北京市东城区青年湖南街13号　邮政编码100011）
印　　装：天津裕同印刷有限公司
710mm×1000mm　1/16　印张13¼　字数275千字　2024年7月北京第1版第1次印刷

购书咨询：010-64518888　　　　　　　　售后服务：010-64518899
网　　址：http://www.cip.com.cn
凡购买本书，如有缺损质量问题，本社销售中心负责调换。

定　　价：88.00元　　　　　　　　　　　　版权所有　违者必究

前言

软件简介

　　ChatGPT是由OpenAI开发的一款基于人工智能的聊天机器人模型，它是基于GPT架构的一种应用，专门用于生成人类风格的文本回复。GPT模型是通过大量的文本数据进行预训练的，能够理解和生成自然语言文本。

　　DALL·E是由OpenAI开发的一个先进的人工智能程序，目前已发布至第三代DALL·E 3。DALL·E是基于GPT架构的一种应用，但与GPT主要处理文本不同，DALL·E专注于图像的生成，能够根据用户输入的提示词生成相应的图像效果。

本书特色

　　10章实操案例精解：本书体系完整，从多个使用方向对ChatGPT与DALL·E进行了10章专题的实操案例讲解，内容包括新手入门、插件应用、提问技巧、高效提问、文案实战、快速上手、高级玩法、绘画指令、风格指令、绘画实战。

　　30多个专家提醒：全书内容丰富，含有30多个专家提醒，方便提高内容的准确性，为读者提供更深入、更专业的见解。

　　130多个精辟实例演练：全书将ChatGPT与DALL·E的各项内容细分，通过130多个精辟范例的设计与制作方法，帮助读者在掌握ChatGPT与DALL·E基础知识的同时，灵活运用各种指令参数进行相应实例的制作，从而提高读者的AI绘画水平。

　　150多分钟视频播放：书中的部分实例操作，录制了带语音讲解的演示视频，时间长度达到150多分钟。读者在学习ChatGPT与DALL·E的实操案例时，可以结合书本和视频一起学习，轻松方便，达到事半功倍的效果。

　　430多张图片全程图解：本书使用了430多张图片，对ChatGPT与DALL·E的实例操作步骤进行了全程式的图解。这些大量辅助图片让实例的内容变得更加通俗易懂，便于读者一目了然，快速领会。

温馨提示

版本更新：在编写本书时，是基于当前各种AI工具和软件的界面截取的实际操作图片，但本书从编辑到出版需要一段时间，这些工具的功能和界面可能会有变动，请在阅读时，根据书中的思路举一反三进行学习。其中，ChatGPT为ChatGPT 4版本，DALL·E为DALL·E 3版本。

提示词的使用：DALL·E可以使用中文提示词进行生图，但即使是相同的关键词，AI工具每次生成的文案、图片或视频内容也会有差别。

提示词的定义：提示词也称为关键字、关键词、描述词、输入词、代码等，网上大部分用户也将其称为"咒语"。

关于会员功能：ChatGPT 4与DALL·E 3的功能，需要订阅ChatGPT Plus才能使用。对于AI绘画爱好者，建议订阅ChatGPT Plus，这样就能使用更多的功能和得到更多的玩法体验。

本书素材

通过以下两种方式，可以获取更多素材。

方法①：加入QQ群：716978263，获取书中配套资源。

方法②：登录化学工业出版社有限公司官网https://cip.com.cn/service/Download，搜索书名，下载配套资源。

作者信息

本书由AIGC文画学院编著，参加编写的人员还有向航志、胡杨等人。由于时间仓促，书中难免存在疏漏之处，欢迎广大读者来信咨询和指正，联系微信：2633228153。

编　者

目　录

【AI文案篇】

第1章　新手入门：快速使用ChatGPT 4写文案 ⋯⋯⋯⋯⋯⋯⋯⋯⋯⋯⋯ 2

1.1　ChatGPT 4与ChatGPT 3.5的区别 ⋯⋯⋯⋯⋯⋯⋯⋯⋯⋯⋯⋯⋯⋯⋯⋯ 3
1.1.1　支持第三方插件 ⋯⋯⋯⋯⋯⋯⋯⋯⋯⋯⋯⋯⋯⋯⋯⋯⋯⋯⋯⋯⋯⋯ 3
1.1.2　生成效果更加自然 ⋯⋯⋯⋯⋯⋯⋯⋯⋯⋯⋯⋯⋯⋯⋯⋯⋯⋯⋯⋯ 4
1.1.3　更丰富的训练数据 ⋯⋯⋯⋯⋯⋯⋯⋯⋯⋯⋯⋯⋯⋯⋯⋯⋯⋯⋯⋯ 5

1.2　ChatGPT 4的注册与实操 ⋯⋯⋯⋯⋯⋯⋯⋯⋯⋯⋯⋯⋯⋯⋯⋯⋯⋯⋯ 5
1.2.1　注册与登录ChatGPT ⋯⋯⋯⋯⋯⋯⋯⋯⋯⋯⋯⋯⋯⋯⋯⋯⋯⋯⋯ 5
1.2.2　切换ChatGPT 4版本 ⋯⋯⋯⋯⋯⋯⋯⋯⋯⋯⋯⋯⋯⋯⋯⋯⋯⋯⋯ 7
1.2.3　实操ChatGPT 4生成文案 ⋯⋯⋯⋯⋯⋯⋯⋯⋯⋯⋯⋯⋯⋯⋯⋯⋯ 8

1.3　ChatGPT 4写文案的基本技巧 ⋯⋯⋯⋯⋯⋯⋯⋯⋯⋯⋯⋯⋯⋯⋯⋯⋯ 9
1.3.1　让ChatGPT学会逻辑思考 ⋯⋯⋯⋯⋯⋯⋯⋯⋯⋯⋯⋯⋯⋯⋯⋯⋯ 9
1.3.2　让ChatGPT的回答更灵活 ⋯⋯⋯⋯⋯⋯⋯⋯⋯⋯⋯⋯⋯⋯⋯⋯ 12
1.3.3　用ChatGPT生成各种表格 ⋯⋯⋯⋯⋯⋯⋯⋯⋯⋯⋯⋯⋯⋯⋯⋯ 13
1.3.4　用ChatGPT生成图文并茂的文章 ⋯⋯⋯⋯⋯⋯⋯⋯⋯⋯⋯⋯⋯ 15

第2章　插件应用：提升ChatGPT 4的创作能力 ⋯⋯⋯⋯⋯⋯⋯⋯⋯⋯ 17

2.1　ChatGPT 4插件的安装与使用方法 ⋯⋯⋯⋯⋯⋯⋯⋯⋯⋯⋯⋯⋯⋯ 18
2.1.1　启用第三方插件 ⋯⋯⋯⋯⋯⋯⋯⋯⋯⋯⋯⋯⋯⋯⋯⋯⋯⋯⋯⋯ 18
2.1.2　搜索并安装插件 ⋯⋯⋯⋯⋯⋯⋯⋯⋯⋯⋯⋯⋯⋯⋯⋯⋯⋯⋯⋯ 20
2.1.3　用插件生成故事 ⋯⋯⋯⋯⋯⋯⋯⋯⋯⋯⋯⋯⋯⋯⋯⋯⋯⋯⋯⋯ 23

2.2　让ChatGPT 4提升创作效率的插件 ⋯⋯⋯⋯⋯⋯⋯⋯⋯⋯⋯⋯⋯⋯ 24
2.2.1　Prompt Perfect（优化提示词） ⋯⋯⋯⋯⋯⋯⋯⋯⋯⋯⋯⋯⋯ 24
2.2.2　Speechki（文本转换为音频） ⋯⋯⋯⋯⋯⋯⋯⋯⋯⋯⋯⋯⋯ 27
2.2.3　Wolfram（处理困难问题） ⋯⋯⋯⋯⋯⋯⋯⋯⋯⋯⋯⋯⋯⋯ 30
2.2.4　Ai PDF（分析PDF文档） ⋯⋯⋯⋯⋯⋯⋯⋯⋯⋯⋯⋯⋯⋯⋯ 33
2.2.5　WebPilot（赋予阅读网页能力） ⋯⋯⋯⋯⋯⋯⋯⋯⋯⋯⋯ 35
2.2.6　Diagrams: Show Me（绘制图表） ⋯⋯⋯⋯⋯⋯⋯⋯⋯⋯⋯ 36

2.2.7　ScholarAI（查找高质量文献）·······················37

2.2.8　Doc Maker（快速生成文档）·······················38

第3章　提问技巧：熟练运用提示词获取AI文案·······················40

3.1　让ChatGPT变得更聪明的提示框架·······················41

3.1.1　优选提示词·······················41

3.1.2　确定具体主题·······················42

3.1.3　加入限定语言或条件·······················44

3.1.4　模仿语言风格·······················45

3.1.5　提供参考例子·······················46

3.1.6　进行角色扮演·······················47

3.1.7　指定受众群体·······················48

3.1.8　使用不同的视角·······················49

3.1.9　加入种子词·······················50

3.2　构建高质量AI内容的写提示词技巧·······················50

3.2.1　添加关键信息·······················51

3.2.2　循序渐进式沟通·······················52

3.2.3　选择最佳方案·······················54

3.2.4　整理归纳问题·······················55

3.2.5　设定固定框架·······················56

3.2.6　进行循环式提问·······················58

3.2.7　综合多维度提问·······················59

3.2.8　套用固定模板·······················61

3.2.9　生成专业的回答·······················62

3.2.10　拓宽思维广度·······················63

第4章　高效提问：让ChatGPT生成优质的文案·······················64

4.1　生成AI标题文案·······················65

4.1.1　悬念式标题文案·······················65

4.1.2　对比式标题文案·······················65

4.1.3　隐喻式标题文案·······················67

4.1.4　数字式标题文案·······················68

4.1.5　借势式标题文案·······················69

4.1.6　观点式标题文案·······················70

4.2 生成AI文案开头 ························· 71
　　4.2.1 点明主题式文案开头 ··········· 71
　　4.2.2 引经据典式文案开头 ··········· 73
　　4.2.3 创设情境式文案开头 ··········· 75
　　4.2.4 设置问题式文案开头 ··········· 76
4.3 生成AI内容布局 ························· 77
　　4.3.1 悬念式内容布局 ··············· 77
　　4.3.2 平行式内容布局 ··············· 78
　　4.3.3 层进式内容布局 ··············· 80
　　4.3.4 镜头剪接式内容布局 ··········· 82
4.4 生成AI文案结尾 ························· 83
　　4.4.1 呼应型文案结尾 ··············· 83
　　4.4.2 引用型文案结尾 ··············· 84
　　4.4.3 修辞型文案结尾 ··············· 85
　　4.4.4 反转型文案结尾 ··············· 86

第5章　文案实战：掌握写出爆款AI文案的秘诀 ········· 88

5.1 视频文案范例 ··························· 89
　　5.1.1 视频口播文案 ················· 89
　　5.1.2 视频剧情文案 ················· 90
　　5.1.3 视频标题文案 ················· 91
5.2 电商文案范例 ··························· 92
　　5.2.1 电商主图文案 ················· 92
　　5.2.2 电商详情页文案 ··············· 93
　　5.2.3 产品测评文案 ················· 94
5.3 直播文案范例 ··························· 96
　　5.3.1 直播标题文案 ················· 96
　　5.3.2 直播封面文案 ················· 97
　　5.3.3 直播预热文案 ················· 98
　　5.3.4 直播热评文案 ················· 100
5.4 文艺创作范例 ··························· 101
　　5.4.1 散文写作 ····················· 101
　　5.4.2 戏剧创作 ····················· 102
　　5.4.3 文学评价 ····················· 103

5.5 小说编写范例 ·· **104**

5.5.1 编写科幻小说 ··· 105

5.5.2 编写推理小说 ··· 106

5.5.3 编写现实小说 ··· 106

5.5.4 编写历史小说 ··· 108

【AI绘画篇】

第6章 快速上手：熟悉使用DALL·E 3绘画 ······························· 110

6.1 使用DALL·E 3绘画的方式 ·· **111**

6.1.1 在GPTs商店中查找 ··· 111

6.1.2 使用Image Creator ··· 114

6.1.3 使用Copilot聊天机器人 ·· 117

6.2 DALL·E 3的图像生成能力 ·· **120**

6.2.1 提示词执行能力 ·· 120

6.2.2 提示词处理能力 ·· 122

6.3 DALL·E 3与Midjourney的比较 ······································ **123**

6.3.1 提示词的准确性 ·· 124

6.3.2 画面的细节程度 ·· 125

6.3.3 描绘场景的能力 ·· 127

第7章 高级玩法：探索DALL·E 3更多可能性 ··························· 129

7.1 提升DALL·E 3提示词的技巧 ·· **130**

7.1.1 更具体的描述 ··· 130

7.1.2 指定特定场景 ··· 131

7.1.3 添加情感动作 ··· 132

7.1.4 引入背景信息 ··· 133

7.1.5 使用具体数量 ··· 134

7.1.6 提供视觉比喻 ··· 135

7.2 轻松驾驭生成图像保持一致性 ··· **136**

7.2.1 创建图像种子值 ·· 136

7.2.2 更改画面角色 ··· 137

7.2.3 添加画面场景 ··· 138

7.2.4 改变人物动作 …………………………………………… 139

7.2.5 变换画面场景 …………………………………………… 140

第8章 绘画指令：使用提示词提高绘画的效率 ……………………… 142

8.1 增强DALL·E 3出图的渲染品质 ……………………………… 143

8.1.1 提升照片的摄影感 …………………………………… 143

8.1.2 逼真的三维模型 ……………………………………… 144

8.1.3 制作虚拟场景 ………………………………………… 145

8.1.4 提升照片的艺术性 …………………………………… 147

8.1.5 光线追踪效果 ………………………………………… 148

8.1.6 体积渲染效果 ………………………………………… 149

8.1.7 光线投射效果 ………………………………………… 151

8.1.8 物理渲染效果 ………………………………………… 152

8.2 向ChatGPT 4获取提示词生成图片 …………………………… 153

8.2.1 获取儿童插画提示词 ………………………………… 153

8.2.2 获取美漫风插画提示词 ……………………………… 156

8.2.3 获取动物插画提示词 ………………………………… 158

8.2.4 获取花卉插画提示词 ………………………………… 159

8.2.5 获取赛博朋克风插画提示词 ………………………… 161

第9章 风格指令：轻松搞定主流AI绘画风格 …………………………… 164

9.1 DALL·E 3的AI绘画艺术风格 ………………………………… 165

9.1.1 抽象主义风格 ………………………………………… 165

9.1.2 现实主义风格 ………………………………………… 166

9.1.3 超现实主义风格 ……………………………………… 167

9.1.4 极简主义风格 ………………………………………… 169

9.1.5 古典主义风格 ………………………………………… 170

9.1.6 印象主义风格 ………………………………………… 171

9.1.7 流行艺术风格 ………………………………………… 173

9.1.8 街头艺术风格 ………………………………………… 174

9.2 特殊的DALL·E 3艺术创作形式 ……………………………… 175

9.2.1 错觉艺术形式 ………………………………………… 176

9.2.2 仙姬时尚艺术形式 …………………………………… 177

9.2.3 CG插画艺术形式 ……………………………………… 178

9.2.4　工笔画艺术形式 ································· 180

9.2.5　木刻版画艺术形式 ······························ 181

第10章　绘画实战：激发想象力创造独特的AI画作 ··············· 183

10.1　艺术插画范例 ····································· 184

　10.1.1　连环漫画范例 ································· 184

　10.1.2　油画风格插画范例 ···························· 186

　10.1.3　民俗节日插画范例 ···························· 187

10.2　海报设计范例 ····································· 188

　10.2.1　电影海报设计范例 ···························· 188

　10.2.2　广告海报设计范例 ···························· 190

　10.2.3　活动海报设计范例 ···························· 191

10.3　工业设计范例 ····································· 193

　10.3.1　建筑设计范例 ································· 193

　10.3.2　产品设计范例 ································· 196

　10.3.3　包装设计范例 ································· 198

10.4　商业LOGO范例 ···································· 199

　10.4.1　美妆品牌LOGO范例 ··························· 200

　10.4.2　平面矢量LOGO范例 ··························· 201

【AI文案篇】

第1章　新手入门：快速使用 ChatGPT 4 写文案

ChatGPT 是由 OpenAI 开发的一种基于人工智能的聊天机器人，它使用了自然语言处理和深度学习等技术，能够理解和使用自然语言，使其能与用户进行流畅的对话。本章将介绍 ChatGPT 4 与 ChatGPT 3.5 的区别，并详细讲述 ChatGPT 4 的使用方法。

1.1 ChatGPT 4 与 ChatGPT 3.5 的区别

OpenAI 会定期更新生成式预训练变换器（Generative Pre-trained Transformer，GPT）模型，每个版本的 GPT 模型都是基于不同的技术规范和数据集进行训练的，因此它们在性能、功能和应用方面有所不同。

ChatGPT 目前推出了 ChatGPT 4 版本，ChatGPT 4 所搭载的 GPT-4 是最新的 GPT 模型，相较于上个版本 ChatGPT 3.5 所搭载的 GPT-3.5 模型有着许多性能上的提升。本节将详细介绍 ChatGPT 4 与 ChatGPT 3.5 的区别，让用户对 ChatGPT 4 更加了解。

1.1.1 支持第三方插件

扫码看教学视频

ChatGPT 4 可以通过安装各种第三方插件（Plugins），实现不同的功能，例如使用插件搜索关于室内设计的论文，如图 1-1 所示。

> **You**
> 找到关于室内设计的论文，并翻译成中文
> ‹ 3 / 3 ›
>
> **ChatGPT**
> Used ScholarAI ∨
>
> 我找到了一些关于室内设计的论文。以下是其中的几篇：
>
> 1. 色彩、光线和材质：生物仿生室内设计在研究和实践中的存在
>   - **摘要**：这项研究探讨了生物仿生室内设计，特别是色彩、光线和材质在室内设计中的应用。研究分为两部分：首先回顾了四十年来与生物仿生、色彩、光线和材质相关的文献，共计19篇出版物；其次，探讨了23位设计从业者对生物仿生元素在实践中的应用。研究发现，色彩偏好是最常被识别的主题，而从业者在实践中使用了多种生物仿生属性。PDF链接
> 2. 菌丝体复合材料在艺术、建筑和室内设计中的应用：综述
>   - **摘要**：菌丝体复合材料（MBCs）因其在生态设计方法发展中的作用而受到越来越多的关注。这篇综述分析了科学出版物、专利文件和我们自己的可行性研究结果，以识别当前设计问题和使用的技术。研究指出，MBCs在生产中成本低廉、生态友好，并具有高艺术价值。PDF链接
>
> 3. 离岸室内设计和建造的设计制造组装（DfMA）推动因素
>   - **摘要**：这篇论文旨在调查离岸室内设计和建造（IDC）实践，并为更好地实现这一建筑过程开发一套设计制造组装（DfMA）推动因素。研究包括文献综述、案例研究和18次半结构化访谈。研究发现，为支持离岸IDC及其生产线，采用了10种DfMA推动因素，如早期合作、设计标准化和简化、轻质材料选择等。PDF链接
> 4. 全球COVID-19大流行期间室内设计教学方法论
>   - **摘要**：这篇论文记录了作者作为室内设计教育工作者在COVID-19全球大流行期间采用的教学方法。由于疫情的限制，作者团队面临着如何在没有与学生面对面接触和无法使用校园设施的情况下教授设计的挑战。PDF链接
>
> 您想要了解更多关于这些论文的信息吗？或者需要我将摘要翻译成中文？

图 1-1 使用插件搜索室内设计的论文

简单来讲，使用插件功能就是指 ChatGPT 可以连接第三方的应用程序编程接口（Application Programming Interface，API），在使用 ChatGPT 的时候可以调用第三方的插件，以此增强 ChatGPT 的功能并允许其执行更加广泛的操作。图 1-2 所示为使用插件搜索航班信息的效果。

图 1-2　使用插件搜索航班信息

1.1.2　生成效果更加自然

ChatGPT 4 的生成效果相比于 ChatGPT 3.5 更加自然、流畅，更符合人类语言的表达方式，具体表现在以下几点，如图 1-3 所示。

扫码看教学视频

更先进的语言模型	→	GPT-4 是一个比 GPT-3.5 更大、更复杂的模型，它拥有更广泛的主题和更多样化的语言风格，这使得它在理解和生成自然语言方面更加精准和流畅
更强的理解能力	→	GPT-4 模型更擅长理解复杂的对话、上下文和长篇文本，这意味着它可以更自然地接续之前的对话内容，提供更连贯、更准确的回应
更高的准确性	→	GPT-4 模型在信息的准确性和逻辑一致性方面有所提升，这包括更好地处理事实性信息，减少逻辑错误和矛盾，从而使生成的内容更加可靠和自然

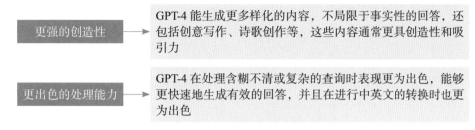

图1-3 提升 ChatGPT 生成效果的 5 点

1.1.3 更丰富的训练数据

扫码看教学视频

　　ChatGPT 4 相比于 ChatGPT 3.5 拥有更丰富的训练数据，这意味着在构建和训练这个模型时，使用了更多样化和广泛的文本信息，这些改进在以下几个方面对模型的性能有显著影响，如图 1-4 所示。

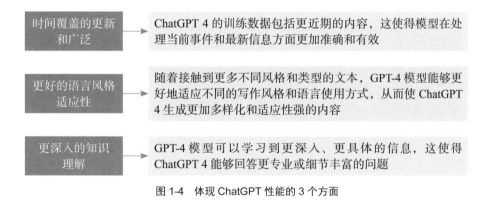

图1-4 体现 ChatGPT 性能的 3 个方面

1.2 ChatGPT 4 的注册与实操

　　通过 ChatGPT 4 与 ChatGPT 3.5 的对比，我们已经了解到 GPT-4 模型各方面的优势。本节将为大家介绍 ChatGPT 4 的注册与实操方法，帮助大家快速上手 ChatGPT 4。

1.2.1 注册与登录 ChatGPT

扫码看教学视频

　　要使用 ChatGPT，用户首先要注册一个 OpenAI 账号。GPT-4 模型需要订阅 ChatGPT Plus（会员）才可以使用，下面简单介绍 ChatGPT 的注册与登录方法。

步骤01 打开 ChatGPT 官网，单击 Sign up（注册）按钮，如图 1-5 所示。注意，已经注册了账号的用户可以直接在此处单击 Log in（登录）按钮，输入相应的邮箱和密码，即可登录 ChatGPT。

图 1-5　单击 Sign up 按钮

步骤02 执行操作后，进入 Create your account（创建您的账户）页面，输入相应的邮箱账号，如图 1-6 所示，也可以在下方使用微软、谷歌或苹果账号进行登录。

步骤03 单击"继续"按钮，在下方的文本框中输入相应的密码（至少 12 个字符），如图 1-7 所示。

图 1-6　输入相应的邮箱账号

图 1-7　输入相应的密码

步骤04 单击"继续"按钮，确认邮箱信息后，系统会提示用户输入姓名和进行手机验证，按照要求进行设置即可完成注册，然后就可以使用 ChatGPT 了。

1.2.2 切换 ChatGPT 4 版本

扫码看教学视频

要想体验 ChatGPT 4 的全部功能，首先要将模型的版本切换至 GPT-4，也就是 ChatGPT 4，下面介绍具体的操作方法。

步骤01 进入 ChatGPT 主页，单击页面左上方 ChatGPT 3.5 旁的下拉按钮 ⌄，弹出相应的下拉列表，如图 1-8 所示。

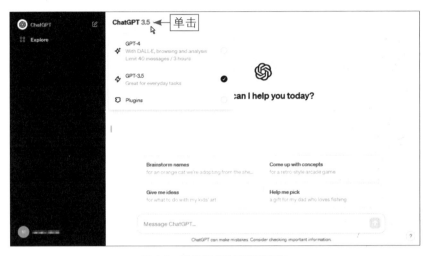

图 1-8　弹出相应的下拉列表框

步骤02 在弹出的下拉列表中，选择 GPT-4 选项，如图 1-9 所示，即可切换至 ChatGP 4 版本。

图 1-9　选择 GPT-4 选项

1.2.3　实操 ChatGPT 4 生成文案

接下来介绍使用 ChatGPT 4 生成文案的操作方法。在登录 ChatGPT 后，将会进入 ChatGPT 主页的聊天窗口，在这里可以开始进行对话，用户可以输入任何问题或话题，ChatGPT 将尝试回答并提供与主题相关的信息，具体操作方法如下。

步骤 01 进入 ChatGPT 的主页，单击底部的输入框，如图 1-10 所示。

图 1-10　单击底部的输入框

步骤 02 在输入框中输入相应的提示词，如"请为洗发水产品写一段宣传文案"，如图 1-11 所示。

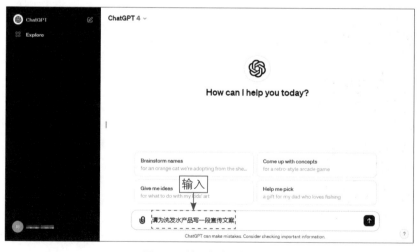

图 1-11　输入相应的提示词

步骤 03 单击输入框右侧的发送按钮↑或按【Enter】键，ChatGPT 即可根据用户输入的提示词生成相应的文案，如图 1-12 所示。

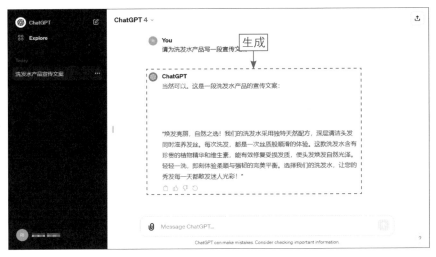

图 1-12　ChatGPT 生成相应的文案

★ 专家提醒 ★

需要注意的是，ChatGPT 生成的内容并非完全正确，有时候可能会出现一些误差，用户需要根据实际情况自行判断，对 ChatGPT 生成的内容进行筛选。

1.3　ChatGPT 4写文案的基本技巧

在熟悉了 ChatGPT 4 的基本用法之后，可以通过掌握一些输入提示词的技巧和改变相应的参数，来提升 ChatGPT 4 的实用性，让其更加为我们所用。本节将介绍使用 ChatGPT 4 写文案的基本技巧，让用户在使用 ChatGPT 4 时更加得心应手。

1.3.1　让 ChatGPT 学会逻辑思考

扫码看教学视频

如果我们想要 ChatGPT 更加理解所提出的问题，可以尝试在向其提问时，加入相应的指令，即可让 ChatGPT 学会逻辑思考，生成更令我们满意的答案。下面将举例介绍具体的操作方法。

步骤 01 当我们不加任何指令向 ChatGPT 提问"人工智能有哪些应用领域"时，生成的答案如图 1-13 所示。

ChatGPT

人工智能（AI）有许多应用领域，主要包括但不限于以下几个方面：

1. **医疗健康**：AI在医疗诊断、治疗计划、药物研发、个性化医疗等方面发挥重要作用。比如通过深度学习分析医学影像，辅助诊断疾病。
2. **自动驾驶**：AI技术使得汽车能够实现自动驾驶，通过分析环境数据来做出行驶决策。
3. **金融服务**：在风险评估、交易、个人理财等领域，AI帮助提高决策质量和效率。
4. **制造业**：AI在生产流程优化、质量控制、设备维护预测等方面应用广泛。
5. **零售业**：利用AI进行库存管理、个性化推荐、顾客行为分析等。
6. **语言处理**：在翻译、语音识别、自然语言理解等方面，AI技术已取得显著成就。
7. **教育**：AI可以提供个性化学习体验，辅助教师制定教学计划。
8. **游戏**：在游戏设计、玩家行为分析、实时交互等方面，AI技术也在不断发展。
9. **安全**：AI在网络安全、公共安全等领域用于威胁检测和响应。
10. **艺术和创意产业**：AI在音乐创作、图形设计、内容生成等方面也有应用。

图 1-13　不加任何指令时 ChatGPT 生成的答案

步骤 02 接下来在问题的后面加入指令：Let's think step by step（让我们一步一步思考），生成的答案如图 1-14 所示。

ChatGPT

当然，我们可以逐步探讨人工智能（AI）的不同应用领域：

1. **医疗健康**：
   - **诊断辅助**：AI能分析医学影像（如X光、MRI）来帮助诊断疾病。
   - **药物研发**：通过分析大量数据，AI能加速新药的发现和测试。
   - **个性化治疗**：AI根据患者的具体情况推荐最适合的治疗方案。
   - **预测性分析**：预测疾病流行趋势或患者健康状况的变化。

2. **自动驾驶**：
   - **环境感知**：使用传感器和摄像头数据来理解车辆周围环境。
   - **决策制定**：AI模拟人类司机的决策过程，控制车辆行驶。
   - **安全增强**：预测并避免潜在的交通事故。
3. **金融服务**：
   - **风险评估**：分析客户信用记录，预测贷款违约风险。
   - **量化交易**：使用算法自动执行大规模的股票交易。
   - **欺诈检测**：识别异常交易行为，预防金融诈骗。
4. **制造业**：
   - **生产优化**：根据需求和资源情况优化生产流程。
   - **预测性维护**：预测设备故障，减少停机时间。
   - **质量控制**：自动检测产品缺陷，提高生产质量。

图 1-14　加入指令后 ChatGPT 生成的答案

可以看出添加了指令后的回答更加详细，下面再以经典逻辑题为例，更加直观地介绍在 ChatGPT 中加入指令前后生成的答案对比。

扫码看教学视频

步骤 01 首先在不添加指令的情况下，向 ChatGPT 提问“ABCD 四个人过桥，一次最多能过两个人，他们的手电能维持 17 分钟，每个人所需的时间分别为 1、2、5、10，求最快可以多长时间全部过桥？”生成的答案如图 1-15 所示。

ChatGPT

这个问题是一个经典的智力题。规则是：ABCD四个人过桥，桥上最多同时容纳两个人，而且过桥的速度由过桥的最慢者决定。他们手中的电筒只能持续17分钟。每个人单独过桥所需的时间分别是1分钟、2分钟、5分钟和10分钟。现在的问题是，他们如何协作才能在最短的时间内全部过桥。

为了解决这个问题，我们可以使用一种策略来最小化总的过桥时间。以下是解题步骤：

1. **首先，最快的两个人一起过桥**：1分钟和2分钟的人一起过桥，花费2分钟。
2. **然后，最快的人回来**：1分钟的人带电筒回来，花费1分钟。
3. **接着，最慢的两个人一起过桥**：5分钟和10分钟的人一起过桥，花费10分钟。
4. **然后，次快的人回来**：2分钟的人带电筒回来，花费2分钟。
5. **最后，最快的两个人再次一起过桥**：1分钟和2分钟的人一起过桥，花费2分钟。

现在，我们来计算总共花费的时间：2 + 1 + 10 + 2 + 2 = 17分钟。

所以，按照这个策略，他们可以在17分钟内全部过桥。

图 1-15 不加任何指令时 ChatGPT 生成的答案

步骤 02 接着添加指令，在 ChatGPT 中输入“ABCD 四个人过桥，一次最多能过两个人，他们的手电能维持 17 分钟，每个人所需的时间分别为 1、2、5、10，求最快可以多长时间全部过桥？ Let’s think step by step”，生成的答案如图 1-16 所示。

ChatGPT

这是一个经典的逻辑谜题。我们需要找到一种方法，让四个人在17分钟内过桥，同时遵循规则：一次最多两人过桥，过桥时间由两人中较慢者决定。每个人过桥所需的时间分别为1分钟、2分钟、5分钟和10分钟。让我们一步步来分析这个问题。

步骤分析

1. **最快的两个人首先过桥**：
   - 1分钟和2分钟的人一起过桥，花费2分钟。
   - 1分钟的人回来，带电筒，花费1分钟。

   总时间：2 + 1 = 3分钟
2. **最慢的两个人接着过桥**：
   - 5分钟和10分钟的人一起过桥，花费10分钟。
   - 2分钟的人回来，带电筒，花费2分钟。

   总时间：3 + 10 + 2 = 15分钟
3. **最后，剩下的两个人过桥**：
   - 1分钟和2分钟的人一起过桥，花费2分钟。

   总时间：15 + 2 = 17分钟

按照这个步骤，所有人都能在17分钟内过桥。每一步都尽可能地优化了时间，确保最慢的人最少过桥，并且快速的人多次往返以减少总时间。

图 1-16 加入指令后 ChatGPT 生成的答案

可以看出没有加入指令生成的答案比较笼统和宽泛，添加了指令后生成的答案循序渐进、更具逻辑性。

1.3.2 让 ChatGPT 的回答更灵活

ChatGPT 生成的答案通常都较为严谨，略显机械和呆板，如果在提问时加入 use a temperature of x（请用 x 的温度生成答案）指令，并设置参数中 x 的值，便可以让 ChatGPT 的回答更灵活。下面举例介绍具体的操作方法。

步骤 01 首先在 ChatGPT 中输入"请写一段关于水獭的描述"，没有添加温度指令，生成的答案如图 1-17 所示。

> **⑤ ChatGPT**
>
> 水獭是一种小型、灵活的水生哺乳动物，以其俏皮可爱的外貌和社会行为而闻名。它们通常拥有浓密的棕色或灰色的皮毛，这层厚实的皮毛能帮助它们在冷水中保持温暖。水獭的身体修长而流线型，非常适合在水下游泳。它们的脚有蹼，尾巴扁平，这些特征使得它们能在水中灵活翻转和快速移动。
>
> 水獭在自然环境中以鱼类、甲壳类动物和其他小型水生生物为食。它们有着非常聪明的捕食技巧，比如使用石头敲开贝壳类动物的硬壳。这种动物以其好奇、游戏般的天性而

> 著称，经常可以看到它们在水中嬉戏，甚至有时会互相滚动、追逐。
>
> 水獭是群居动物，通常在家族群体中生活。它们通过各种声音进行交流，这些声音表达了它们的情绪和需求。水獭对于生态系统的健康起着重要作用，因为它们帮助维持河流和湿地环境中的生物多样性。然而，由于栖息地丧失和污染等因素，一些水獭种类目前面临着生存的威胁。

图 1-17　没有添加温度指令生成的答案

步骤 02 接下来加上温度指令，在 ChatGPT 中输入"请写一段关于水獭的描述，use a temperature of x"，生成的答案如图 1-18 所示。可以看到，当没有加入指令或指令的参数较低时，生成的回答比较概念化，而将指令的参数值提高后生成的回答类似人类的口吻描述，带有人情味。

> **You**
> 请写一段关于水獭的描述，use a temperature of 0.5
>
> **ChatGPT**
> 水獭是一种迷人而机敏的动物，属于哺乳纲鼬科。它们通常生活在水边，如河流、湖泊和沿海地区。这些动物拥有流线型的身体，短而稠密的毛皮，以及用于游泳的蹼状后脚。水獭的体长大约在1到1.5米之间，颜色从棕色到深棕色不等。它们以鱼类、螃蟹、青蛙和其他小型水生生物为食。

> **You**
> 请写一段关于水獭的描述，use a temperature of 1
>
> **ChatGPT**
> 水獭是自然界中一道独特而迷人的风景线，它们活泼好动，拥有充满好奇心的天性。这些小巧的哺乳动物属于鼬科，常在蜿蜒的河流、宁静的湖泊以及生机勃勃的沿海区域中嬉戏。它们拥有流畅的身躯线条、绒密的棕色或深棕色毛皮，以及非常适合游泳的强壮后脚。
>
> 水獭的体长通常在1到1.5米之间，它们以敏捷著称，擅长在水中快速游动。这些灵动的生物以各种鱼类、小型甲壳动物、青蛙甚至偶尔的水生植物为食。它们独特的捕食方式，比如用石头敲击硬壳动物，不仅显示了它们的聪明才智，也让人们对它们的智能产生了深深的好奇。
>
> 尽管水獭在自然中充满活力和乐趣，但它们也面临着严峻的生存挑战。由于栖息地的破坏和环境污染，很多水獭种群正在减少。因此，保护它们的自然栖息地，保持生态平衡对于它们的未来至关重要。

图1-18　添加温度指令后生成的答案对比

★ 专家提醒 ★

　　x 为一个数值，一般设置在 0.1～1 之间。较低的数值可以让 ChatGPT 的回答变得稳重且有保障，而较高的数值则可以让 ChatGPT 充满创意与想象力。

1.3.3　用 ChatGPT 生成各种表格

扫码看教学视频

　　ChatGPT 作为一个聊天机器模型，虽然主要以语言文字著名，但基于其智能数据库还能够通过表格的形式生成需要的文本内容，以帮助我们提高工作效率。下面介绍具体的操作方法。

步骤 01 在 ChatGPT 中输入"用表格的形式讲述一张照片的画面构思分几个部分，尽量全面且详细"，随后 ChatGPT 将以表格的形式给出回答，如图 1-19 所示。

图 1-19　ChatGPT 以表格的形式给出回答

步骤 02 继续向 ChatGPT 提问，提取具体的内容，在 ChatGPT 中输入"有哪些主题类别，请用表格回答，中英文对照"，ChatGPT 给出了许多主题类别，并有中文和英文对照，如图 1-20 所示。

🟢 **ChatGPT**
以下是一个表格，列出了一些常见的照片主题类别，以及它们的中英文对照：

中文	English
风景	Landscape
人像	Portrait

纪实	Documentary
时尚	Fashion
静物	Still Life
夜景	Night Photography
旅行	Travel
航拍	Aerial
抽象	Abstract
黑白	Black and White

这个表格涵盖了摄影的主要主题类别，但要注意，摄影的范围非常广泛，新的类别和子类别随时都在产生。

图 1-20　ChatGPT 给出了许多的主题类别

1.3.4　用 ChatGPT 生成图文并茂的文章

扫码看教学视频

除了运用 ChatGPT 生成文案，我们也可以让 ChatGPT 生成图文并茂的文章，如博客文章、教育材料、社交媒体帖子等，这种方法不仅可以提高内容的吸引力和表现力，还可以帮助人们更好地解释和展示复杂的概念或信息。下面介绍具体的操作方法。

步骤01 在 ChatGPT 中输入"撰写一篇关于樱花的短篇文章，并附带樱花的图片"，如图 1-21 所示。

图 1-21　ChatGPT 给出了许多的主题类别

步骤02 按【Enter】键确认，即可让 ChatGPT 生成图文并茂的短篇文章，如图 1-22 所示。

⬥ **ChatGPT**

樱花，被誉为春天的使者，是一种充满诗意与浪漫气息的花卉。在日本，它们不仅仅是花朵，更是一种文化符号，象征着美丽、生命的短暂和人生的易逝。

每年春季，当樱花缓缓绽放，无数人慕名前来欣赏这场短暂而美丽的盛宴。粉白色的樱花瓣在春风中轻盈飘落，如同轻柔的雪花，为大地铺上一层粉嫩的花毯。这种场景不仅吸引了摄影爱好者和自然爱好者，也成为了许多文学和艺术作品的灵感来源。

日本的樱花季还伴随着"花见"传统。人们会在樱花树下铺设野餐布，与家人朋友一起享受美食，同时欣赏眼前的美景。这不仅是赏花的活动，更是一种享受生活、珍惜每一刻的生活态度。

现在，让我们通过一张樱花的图片，感受它们的独特魅力。

这是一幅充满春天气息的樱花图片，完美地展现了我刚才描述的樱花之美。希望这幅图画能让您感受到樱花的独特魅力。

图 1-22　生成图文并茂的文章内容

★ 专 家 提 醒 ★

　　确保文本和图像内容之间的一致性和相关性，图像应该补充并强化文本信息，而不是与之相悖。

第 2 章　插件应用：提升 ChatGPT 4 的创作能力

　　ChatGPT 4 中的插件主要用来扩展 ChatGPT 的其他功能，用户在使用 ChatGPT 的过程中可以利用这些插件完成更多任务。本章将详细说明安装并使用插件的方法，并介绍几种不同功能的插件，帮助大家更快地掌握 ChatGPT 4 的插件功能。

2.1　ChatGPT 4 插件的安装与使用方法

在上一章中提到 ChatGPT 4 可以通过第三方插件来实现不同的功能，本节将详细介绍 ChatGPT 4 中插件的安装与使用方法。

2.1.1　启用第三方插件

要想使用 ChatGPT 4 的插件，首先要开启插件功能。下面将详细介绍具体的操作方法。

扫码看教学视频

步骤 01 展开 ChatGPT 的侧边栏，单击主页左下角的用户名，如图 2-1 所示。

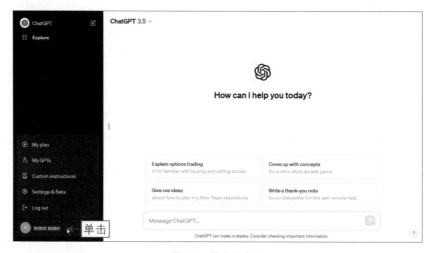

图 2-1　单击用户名

步骤 02 在弹出的列表中选择 Settings & Beta（设置 & 测试版本）选项，如图 2-2 所示。

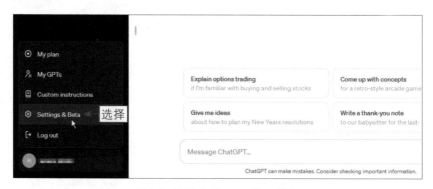

图 2-2　选择 Settings & Beta 选项

★ 专 家 提 醒 ★

　　Beta 版一般指软件正式发布之前针对所有用户的公开测试版本，这一版本通常在 Alpha 版本（第 1 个版本）之后推出，会附带新的功能。

　　步骤 03 执行操作后，弹出 Settings 面板，在左侧选择 Beta features（特征）选项，如图 2-3 所示。

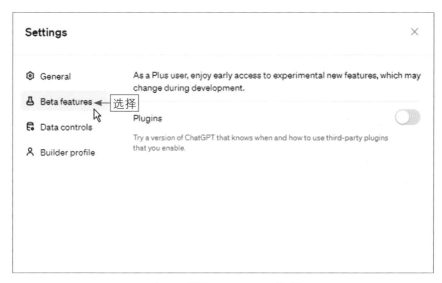

图 2-3　选择 Beta features 选项

　　步骤 04 单击 Plugins 开关，如图 2-4 所示，即可开启插件功能。

图 2-4　单击 Plugins 开关

19

2.1.2 搜索并安装插件

当我们开启了第三方插件的功能后，此时并不能直接进行使用，而是需要先安装插件才能继续使用。每个插件都有不一样的效果，用户可以根据自身的需求搜索并安装插件。下面介绍具体的操作方法。

步骤01 进入 ChatGPT 主页，单击页面左上方 ChatGPT 4 旁边的下拉按钮 ，在弹出的下拉列表中选择 Plugins 选项，如图 2-5 所示。

图 2-5 选择 Plugins 选项

步骤02 执行操作后即可切换至 ChatGPT Plugins，此时在旁边显示 No plugins installed（未安装插件）状态，如图 2-6 所示。ChatGPT Plugins 使用的也是 GPT-4 模型，因此可以将其视作搭载了插件功能的 ChatGPT 4。

图 2-6 显示未安装插件的状态

步骤 **03** 单击 No plugins installed 旁边的下拉按钮 ∨，在弹出的下拉列表中，选择 Plugin store（插件商店）选项，如图 2-7 所示。

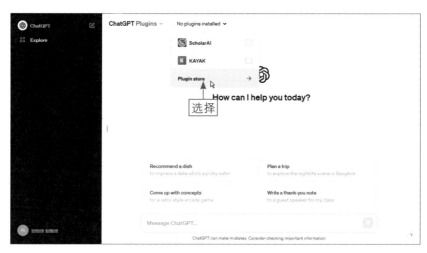

图 2-7　选择 Plugin store 选项

步骤 **04** 执行操作后，弹出 Plugin store 面板，用户可以在此安装需要的插件，如图 2-8 所示。

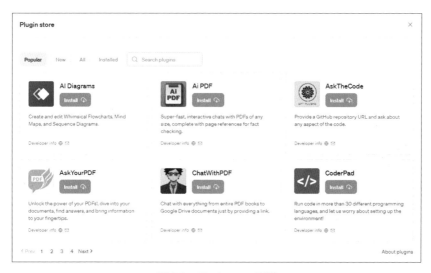

图 2-8　Plugin store 面板

步骤 **05** 在搜索框中输入想要获取的插件的名称，例如这里输入 Stories（故事），如图 2-9 所示。执行操作后将显示 Stories 插件，该插件可以使 ChatGPT 生成带有插图的故事内容。

步骤 06 单击 Install（安装）按钮，如图 2-10 所示，稍等片刻，即可安装插件。

图 2-9　输入 Stories

图 2-10　单击 Install 按钮

★ 专 家 提 醒 ★

在 Plugin store 面板中有 4 个选项卡，它们的具体含义如下。

· Popular（受喜爱的）：在该选项卡中可以查看用户使用量最多的插件。

· New（新的）：在该选项卡中可以查看最新推出的插件。

· All（所有）：在该选项卡中可以查看 Plugin store 中所有的第三方插件。

· Installed（安装）：在该选项卡中可以查看目前已安装的插件。

步骤 07 回到 ChatGPT 主页，单击上方插件图标旁边的下拉按钮 ▾，在弹出的下拉列表中可以看到已安装的插件，如图 2-11 所示。在默认情况下，安装后的插件会自动进入开启状态，取消选中插件旁的复选框可以将其关闭。

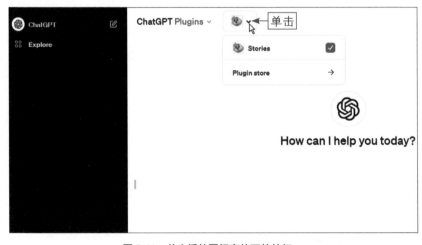

图 2-11　单击插件图标旁的下拉按钮 ▾

2.1.3 用插件生成故事

扫码看教学视频

在 ChatGPT 中安装了需要使用的插件后，接下来就可以使用该插件进行操作了。下面将介绍插件的使用方法。

步骤01 在 ChatGPT 的输入框中输入相应的提示词，如"请使用中文生成一篇童话故事，故事的主题为森林童话，主要讲述了一个女孩在森林里弹钢琴的故事"，如图 2-12 所示。

图 2-12 输入相应的提示词

步骤02 按【Enter】键确认，随后 ChatGPT 将通过 Stories 插件生成一篇童话故事，并附上了插图和故事链接，如图 2-13 所示。

图 2-13 ChatGPT 生成的童话故事

步骤03 单击故事链接或直接链接，随后跳转至 StoryBird.ai（故事鸟）网站，在该网站中可以对生成的故事进行编辑和发布，并且还能将故事以视频的形式播放，如图 2-14 所示。

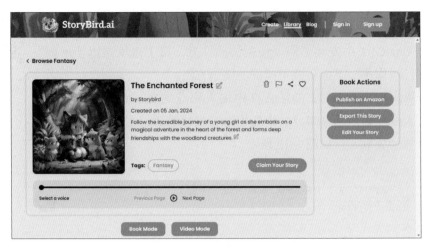

图 2-14　进入 StoryBird.ai 网站

★ 专家提醒 ★

　　如果用户对 StoryBird.ai 感兴趣，可以在该网站中进行注册或登录账号，解锁更多的功能，这里将不再赘述。

2.2　让 ChatGPT 4 提升创作效率的插件

　　从上一节中我们了解到了 ChatGPT 4 中插件的安装方法，并学会了使用插件生成插图故事的技巧。本节将介绍更多实用的第三方插件，帮助用户了解不一样的插件功能，快速提高对 ChatGPT 4 插件的掌握。

2.2.1　Prompt Perfect（优化提示词）

扫码看教学视频

　　Prompt Perfect 是一个专门用来优化提示词的第三方插件，该插件可以帮助用户生成和优化聊天提示，提高聊天效率。下面介绍使用 Prompt Perfect 插件生成文案的操作方法。

　　步骤01 进入 ChatGPT 中的 Plugin store 面板，在搜索框中输入 Prompt Perfect，如图 2-15 所示。

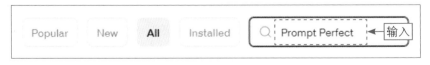

图 2-15　在搜索框中输入 Prompt Perfect

步骤02 执行操作后将在下方显示 Prompt Perfect 插件，单击 Install 按钮，跳转至 Prompt Perfect 的订阅网站，在输入框中输入相应的邮箱账号，如图 2-16 所示。

图 2-16　输入相应的邮箱账号

步骤03 单击 Request code（请求代码）按钮，随后 Prompt Perfect 会向用户提供的邮箱账号发送验证码，将收到的验证码输入至输入框中，然后单击 Verify code（验证代码）按钮，如图 2-17 所示。

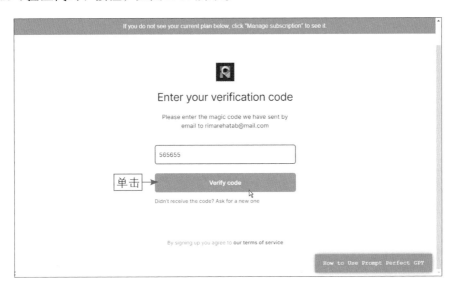

图 2-17　单击 Verify code 按钮

步骤 04 执行操作后，单击 Authorize（授权）按钮，如图 2-18 所示，即可成功安装 Prompt Perfect 插件。

图 2-18　单击 Authorize 按钮

步骤 05 安装插件后，将自动回到 ChatGPT 的主页，可以看到 Prompt Perfect 插件正处于开启状态，如图 2-19 所示。

图 2-19　Prompt Perfect 插件处于开启状态

步骤 06 在 ChatGPT 的输入框中输入提示词，如"Perfect，请生成一个关于讨论大象生活习性的提示"，如图 2-20 所示。

图 2-20　输入相应的提示词

步骤 **07** 按【Enter】键确认，随后 ChatGPT 将通过 Prompt Perfect 插件优化用户提供的提示词，给出更好的回答，如图 2-21 所示。

图 2-21　ChatGPT 优化提示词给出更好的回答

2.2.2　Speechki（文本转换为音频）

扫码看教学视频

Speechki 是一个可以将文本转换为音频的第三方插件，它可以将用户提供的文字提示快速转换为一段语音，并支持下载功能。下面介绍具体的使用方法。

步骤 **01** 进入 ChatGPT 中的 Plugin store 面板，在搜索框中输入 Speechki，如图 2-22 所示。

图 2-22　在搜索框中输入 Speechki

步骤 **02** 单击 Install 按钮，如图 2-23 所示，稍等片刻，即可安装插件。

图 2-23　单击 Install 按钮

步骤 03 回到 ChatGPT 主页，在输入框中输入相应的提示词，如"请将这句话转换成语音：你好，欢迎你来到我家做客"，随后 ChatGPT 将通过 Speechki 提供转换完成后的音频链接，单击音频链接，如图 2-24 所示。

图 2-24　单击音频链接

★ 专 家 提 醒 ★

除此之外，Speechki 还提供了更多语音选项的网站链接，用户可以在该网站中使用现有的音频素材。如果在使用插件的过程中遇到问题或想提供反馈，可以单击第三个链接，进入网站填写表格向 Speechki 提供意见。

需要注意的是，Speechki 的使用次数是有限制的，如果想拥有更多的使用次数，需要升级 Speechki 高级版解锁使用上限。

步骤 04 执行操作后，跳转至 Speechki 的登录网站，在下方的输入框中输入相应的邮箱账号与密码，如图 2-25 所示。

步骤 05 单击"报名"按钮，随后 Speechki 会向用户输入的邮箱账号发送验证链接，用户需要在邮箱中验证电子邮件，如图 2-26 所示。

图 2-25　输入邮箱账号与密码

图 2-26　验证电子邮件

步骤 06 执行操作后，进入 Speechki 的网站，单击播放按钮▶，即可收听文字转为音频后的效果，如图 2-27 所示。

图 2-27　单击播放按钮▶

★ 专家提醒 ★

单击下载按钮⬇可以将音频保存至本地，如果用户对 Speechki 感兴趣，可以通过升级 Speechki 高级版解锁更多其他功能。

2.2.3　Wolfram（处理困难问题）

扫码看教学视频

Wolfram 插件有着丰富的计算库与强大的计算能力，ChatGPT 可以通过 Wolfram 解答各种科学和数学问题，提供详细的步骤与解释，还能根据问题生成相应的图表，帮助用户处理困难问题。下面介绍具体的操作方法。

步骤01 使用与上一例相同的方法，安装 Wolfram 插件，然后回到 ChatGPT 的主页，在输入框中输入相应的提示词，如"请解答这个方程：$x^2+2x-3=0$"，随后 ChatGPT 将通过 Wolfram 生成答案，如图 2-28 所示。

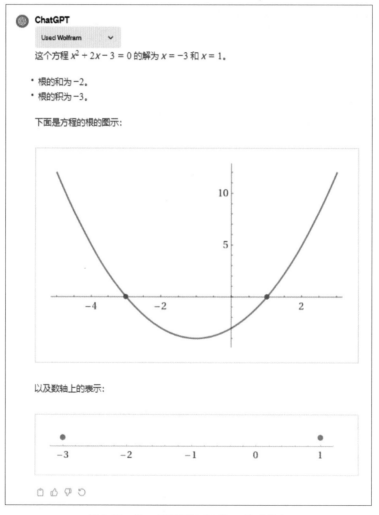

图 2-28　ChatGPT 通过 Wolfram 生成答案

步骤02 还可以让 Wolfram 生成各种数据图表，在 ChatGPT 中输入相应的提示词，如"请提供这个函数的三维图：$z=x^2+x^3+3x-y^2$"，随后 ChatGPT 将通过 Wolfram 生成函数三维图，如图 2-29 所示。

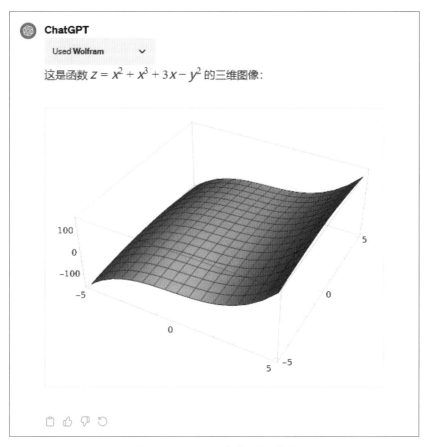

图 2-29　ChatGPT 生成函数三维图

步骤03 继续使用 Wolfram 的功能，例如让 Wolfram 帮我们画柱状图，在 ChatGPT 中输入相应的提示词，如图 2-30 所示。

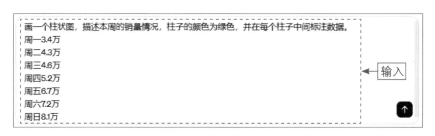

图 2-30　输入相应的提示词

31

步骤 04 按【Enter】键确认，即可让 ChatGPT 通过 Wolfram 生成柱状图，如图 2-31 所示。

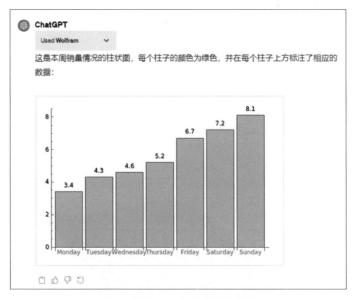

图 2-31　ChatGPT 生成的柱状图

步骤 05 除此之外，我们还可以运用 Wolfram 进行化学计算，例如在 ChatGPT 中输入"Wolfram，我是一个高中生，请详细介绍电解水反应的过程"，随后 ChatGPT 将通过 Wolfram 给出答案，如图 2-32 所示。

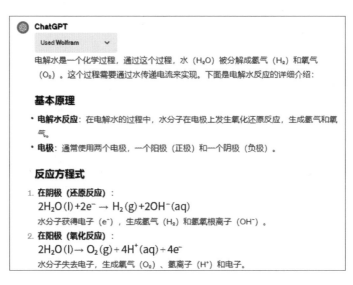

过程描述

• 当电流通过水时，水分子在阴极获得电子，生成氢气和氢氧根离子。

• 同时，在阳极，水分子失去电子，生成氧气和氢离子。

• 生成的氢气和氧气通常在各自的电极附近收集。

物理条件

• **温度**：通常在室温下进行。

• **压力**：标准大气压。

• **电解质**：为了增加水的电导率，通常添加少量的电解质（如酸、碱或盐）。

应用

• 电解水是制氢的一种方法，氢气可用作燃料或在化学工业中。

• 生成的氧气也有各种应用，如在医疗和工业领域。

电解水是一个重要的化学过程，它不仅在实验室中有用，也在工业和能源生产中发挥着重要作用。

图 2-32　ChatGPT 给出答案

2.2.4　Ai PDF（分析 PDF 文档）

扫码看教学视频

Ai PDF 具有很强的信息整合能力，它能够快速帮我们提取文本信息、总结关键信息、搜索特定内容，我们可以通过 Ai PDF 插件快速检索 PDF 的文本内容。下面介绍具体的操作方法。

步骤01 进入 ChatGPT 中的 Plugin store 面板，在搜索框中输入 Ai PDF，然后单击 Install 按钮，如图 2-33 所示。

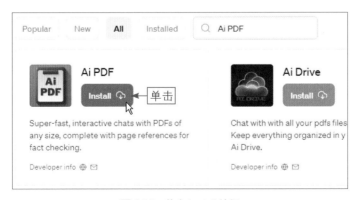

图 2-33　单击 Install 按钮

步骤02 执行操作后，即可安装插件，回到 ChatGPT 的主页，在 ChatGPT 的输入框中输入相应的提示词，按【Enter】键确认，ChatGPT 会让我们提供 PDF 链接，如图 2-34 所示。

33

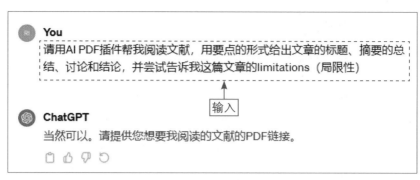

图 2-34　ChatGPT 让我们提供 PDF 链接

步骤 03 输入需要分析的 PDF 文档链接，然后按【Enter】键确认，随后 ChatGPT 将通过 Ai PDF 分析出 PDF 文档的信息，生成相应的回答，如图 2-35 所示。

ChatGPT

该文件名为"Scott Freeman等人的《主动学习提高了理工科学生的表现》"，是对主动学习在本科STEM教育中影响的全面分析。研究对225项研究进行了元分析，这些研究比较了使用传统讲授法与主动学习方法的课程中学生的表现。主要发现包括：

1. **学生表现改善**：分析显示，与传统讲授相比，主动学习平均使学生在考试和概念清单上的表现提高了0.47个标准差。这意味着在主动学习部分，考试成绩平均提高了约6%。
2. **降低失败率**：使用传统讲授法的失败概率是1.95倍。主动学习将平均失败率从传统讲授下的33.8%降低到21.8%，减少了55%。
3. **跨学科和班级规模的有效性**：主动学习的益处在各种STEM学科中都得到了体现，并且在所有规模的班级中都有效，尽管在较小的班级（≤50名学生）中效果最为显著。
4. **主动学习干预措施**：主动学习干预措施多种多样，包括小组解决问题、工作表、个人响应系统以及工作室或研讨会课程设计。
5. **方法论严谨性**：结果显示，无论所包括研究的方法论严谨性如何，这些发现都是可靠的主动学习益处指标。
6. **含义**：这项研究挑战了传统的讲授方式，并支持将主动学习作为经验证的教学实践。它对在研究中继续使用传统讲授作为对照组提出了质疑，并建议将主动学习作为课堂中首选的教学方法。

该文档对主动学习对STEM领域学生表现的影响进行了详细而全面的考察，为其在教育实践中的广泛采用提供了有力的支持。

图 2-35　ChatGPT 生成相应的回答

2.2.5　WebPilot（赋予阅读网页能力）

扫码看教学视频

WebPilot 拥有阅读网页内容并分析总结的能力，我们可以运用 ChatGPT 通过 WebPilot 插件来帮我们总结网页的内容信息。下面介绍具体的操作方法。

步骤01 在 Plugins store 中安装 WebPilot 插件，然后回到 ChatGPT 的主页，在输入框中输入相应的提示词，并添加需要分析的网页链接，如图 2-36 所示。

使用WebPilot插件总结这篇文章：https:▓▓▓▓▓▓　←输入

图 2-36　输入相应的提示词并添加网页链接

步骤02 按【Enter】键确认，随后 ChatGPT 将通过 WebPilot 做出相应的回答，如图 2-37 所示。

ChatGPT

Used **WebPilot**

这篇文章在 AI-SCHOLAR 网站上讨论了人脸识别技术的最新进展。文章的主要焦点是 FRCSyn 挑战赛，这是一个在 WACV 2024 会议上举办的活动，旨在通过合成数据集展示人脸识别技术的潜力。这个挑战赛强调了人脸识别技术在处理合成数据时的能力，这对于理解和改进这一技术领域至关重要。

AI-SCHOLAR 网站致力于帮助读者掌握最新的 AI 技术趋势，提供从研究人员和工程师角度解释的文章，系统研究人工智能、人工智能服务和人工智能事件的内容。网站邀请读者了解最新的 AI 技术市场，成为追踪 AI 信息的重要媒介。

🚀🚀🚀 我们推出了 WebPilot GPTs，功能更加强大！🚀🚀🚀

- 📄 生成长达 10,000 字的内容！
- 💡 加载动态网页内容，提供更加丰富的答案！
- 🖼 支持代码测试、文件处理和图像生成！
- 🎲 GPTs-Action 和 API 提供！

点击这里了解更多：WebPilot GPTs

[WebPilot 公告结束]

图 2-37　ChatGPT 生成相应的回答

★ 专 家 提 醒 ★

如果用户对 WebPilot 感兴趣，可以在回答的下方单击 WebPilot 提供的链接，了解更多功能。

2.2.6 Diagrams: Show Me（绘制图表）

扫码看教学视频

Diagrams:Show Me 可以根据描述创建和编辑流程图、思维导图和序列图，帮助用户更好地理解和解释复杂的概念。下面介绍具体的使用方法。

步骤 01 在 Plugin store 中安装 Diagrams: Show Me 插件，然后回到 ChatGPT 的主页，在输入框中输入相应的提示词，并添加需要分析的文章链接，如图 2-38 所示。

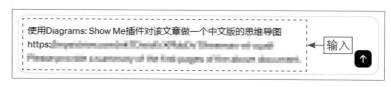

图 2-38　输入相应的提示词和文章链接

步骤 02 按【Enter】键确认，随后 ChatGPT 将通过 Diagrams: Show Me 绘制相应的图表，如图 2-39 所示。

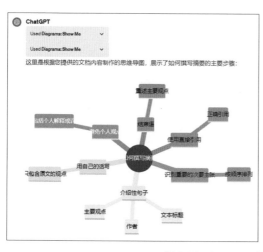

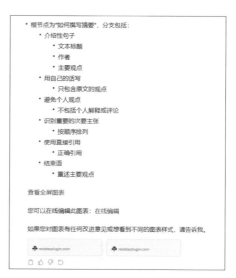

图 2-39　ChatGPT 绘制相应的图表

★ 专家提醒 ★

在 Diagrams: Show Me 回答的下方，单击"查看全屏图表"超链接，可以跳转网页放大图表进行查看。

步骤 03 单击"在线编辑"超链接，可以跳转至 Mermaidv10.6.1 Live Editor

（美人鱼实时编辑器）网站，在该网站中可以对图表中的内容进行编辑或下载，还可以将图表进行分享，如图 2-40 所示。

图 2-40　跳转至 Mermaidv10.6.1 Live Editor 网站

2.2.7　ScholarAI（查找高质量文献）

ScholarAI 是一个强大的学术搜索插件，它能够一键查找可以引用的高质量参考文献，帮助用户更容易理解文献中的含义。下面介绍具体的操作方法。

扫码看教学视频

步骤 01 在 Plugin store 中安装 ScholarAI 插件，然后回到 ChatGPT 的主页，在输入框中输入相应的提示词，如如图 2-41 所示。

图 2-41　输入相应的提示词

步骤 02 按【Enter】键确认，随后 ChatGPT 将通过 ScholarAI 生成关于材料化学的论文，并附带了论文链接，如图 2-42 所示，用户可以单击链接查看论文的全部内容。

ChatGPT

Used **ScholarAI** ⌄

我找到了一些关于材料化学的论文，以下是其中的几篇：

1. 《**Designing for a green chemistry future**》
   - **摘要**：可持续社会的物质基础将依赖于按照有利于生命的原则设计的化学产品和过程。在设计阶段就需要考虑分子的重要固有属性，以判断化合物和过程是耗尽性的还是可再生的，是有毒的还是良性的，是持久的还是容易降解的。产品、原料和制造过程需要整合绿色化学和绿色工程的原则，并在性能的扩展定义中包括可持续性

   考虑因素。这种转变将需要科学和创新传统的最佳实践，以及从分子层面开始、对全球产生积极影响的新兴系统思维和系统设计。
   - 阅读更多
   - 发表日期：2020-01-23

2. 《**The Role of Material Chemistry in Processing BaTiO3 in Aqueous Suspensions**》
   - **摘要**：将材料化学概念应用于加工粉末悬浮液，包括溶液热力学，将在几种材料系统上展示，特别是在水环境中的复杂金属氧化物钛酸钡。在讨论液体中细颗粒的相关热力学和动力学问题后，将讨论各种表征方法，以理解和控制粉末在液体中的行为。使用各种胶体表征技术、高分辨率透射电子显微镜和对溶液和固体暴露于溶液的化学分析，研究了钛酸钡-水系统中化学反应的性质随后改变的表面层。在水悬浮液中开发任何水敏感材料（所有金属氧化物都是水敏感的）的有效加工方案的关键因素是认识到必须防止有害的表面水解反应。研究表明，局部化学不均匀性在暴露于水环境的钛酸钡系统中的异常晶粒生长中起作用，但可以通过适当的化学钝化方法进行控制。将讨论在这些材料的水处理中钝化-分散方法的成功，以及将材料化学方法的一般概念应用于其他水敏感材料的水处理的实施。
   - 阅读更多
   - 发表日期：2006-06-01

图 2-42　ChatGPT 生成论文

2.2.8　Doc Maker（快速生成文档）

扫码看教学视频

Doc Maker 是一个专门制作文档的第三方插件，它可以根据用户的要求快速生成 PDF、简历、求职信、建议等文档，支持 DOCX、XLSX、CSV 和 HTML 等格式。下面介绍具体的操作方法。

步骤 **01** 在 Plugin store 中安装 Doc Maker 插件，然后回到 ChatGPT 的主页，在输入框中输入相应的提示词，如"请使用中文生成一个关于气候变化影响的报告"，如图 2-43 所示。

请使用中文生成一个关于气候变化影响的报告　←　输入　↑

图 2-43　输入相应的提示词

步骤02 按【Enter】键确认，随后 ChatGPT 将通过 Doc Maker 生成一个关于气候变化影响的报告，如图 2-44 所示。

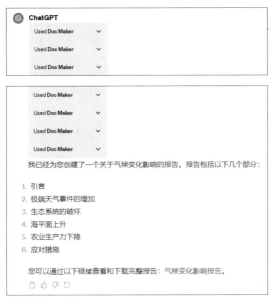

图 2-44　ChatGPT 生成气候变化影响的报告

步骤03 单击"气候变化影响报告"超链接，跳转至 Doc Maker 的文档编辑网站，如图 2-45 所示。用户可以在该网站中对生成的文档进行编辑、导出、下载、分享等操作。

图 2-45　Doc Maker 的文档编辑网站

第 3 章 提问技巧：熟练运用提示词获取 AI 文案

基于对 ChatGPT 的了解，我们知道 ChatGPT 发挥作用的关键在于恰到好处的提问，而要做到这一点，则需要我们掌握一定的提问技巧，即学会编写和优化 ChatGPT 提示词。本章将介绍一些有效的方法，帮助大家掌握编写 ChatGPT 提示词的技巧。

3.1　让 ChatGPT 变得更聪明的提示框架

ChatGPT 的提示框架是指用户与 ChatGPT 交互时提供的提示词的结构和方式，这个框架能够帮助用户更有效地与人工智能进行沟通，从而获得更准确、更相关的回答。本节将详细介绍 ChatGPT 中实用的提示框架。

3.1.1　优选提示词

扫码看教学视频

提示词，也可以称作指令，是 ChatGPT 进行回复、给出答案的依据。如果用户想要让 ChatGPT 更有效地生成文案，可以提供一些文案的类型、特征、范围等信息作为提示词，输入给 ChatGPT，ChatGPT 会根据提示词给出回复。

用户在编写提示词时，应该与需求紧密结合，选择合适的提示词，不同的提示词所获得的 AI 文案是有区别的。下面将举例介绍在输入不同的提示词时，ChatGPT 给出不同的回复。

步骤01 打开 ChatGPT，在其输入框中输入比较宽泛的提示词，如 "请写出 10 个关于旅游的宣传文案"，按【Enter】键确认，ChatGPT 给出的文案如图 3-1 所示。

ChatGPT

当然可以。这里是10个关于旅游的创意文案，适用于旅游广告、社交媒体或旅行博客：

1. "走遍世界，寻找未知的角落 — 让每一次旅行成为一次新的探险。"
2. "在路上，我们不仅寻找风景，更寻找自己。旅行是心灵的归宿。"
3. "从日出到日落，从山巅到海岸，每一步都是一段美丽的旅程。"
4. "不是所有的教室都有四堵墙。世界是最好的老师，旅行是最好的课堂。"
5. "让每一次旅行都成为生活中的美好回忆。探索、发现、享受。"
6. "旅行不仅是到达一个地方，更是一种心灵的洗礼和成长。"
7. "让心灵去旅行，用双脚书写世界的故事。"
8. "旅行是最好的投资，它让你变得更富有 — 心灵上的富有。"
9. "拥抱世界的美好，每一次旅行都是对生活的热爱。"
10. "旅行不是逃避生活，而是生活不再逃避我们。探索未知，享受生活。"

这些文案旨在激发人们对旅行的兴趣和热情，同时强调旅行对个人成长和心灵满足的重要性。

图 3-1　ChatGPT 给出的文案（1）

步骤02 在左上方单击 New chat 按钮，新建一个聊天窗口，输入比较具体的提示词，如"请写出 10 个关于去长白山旅游的宣传文案"，按【Enter】键确认，ChatGPT 给出的文案如图 3-2 所示。

> **ChatGPT**
>
> 当然，这里有10个关于去长白山旅游的宣传文案建议：
>
> 1. "探索东方的神秘瑰宝，长白山等你来揭晓她的秘密。"
> 2. "在长白山，感受自然的鬼斧神工，探索未知的自然奇观。"
> 3. "长白山之旅：与古老的山脉同行，发现自然界的奇迹。"
> 4. "逃离城市的喧嚣，来长白山寻找心灵的宁静和自然的和谐。"
> 5. "长白山，一个完美的地方，让你亲近自然，远离尘嚣。"
> 6. "步入长白山的仙境，体验天池的神秘与壮丽。"
> 7. "长白山不只是一次旅行，它是一次心灵的洗礼和自然的启迪。"
> 8. "在长白山，每一步都是一次新的发现，每一景都是心灵的震撼。"
> 9. "来长白山，让自然的美丽治愈你的心灵，启发你的灵魂。"
> 10. "在长白山的怀抱中，找到你心中的平静和自然的奥秘。"
>
> 这些文案可以用于旅游宣传册、网站、社交媒体推广等，旨在吸引游客前往长白山体验其独特的自然美景和文化。

图 3-2　ChatGPT 给出的文案（2）

由图 3-1 和图 3-2 可知，ChatGPT 对于宽泛的提示词和具体的提示词的识别度是不同的，会给用户提供不一样的回复。

在输入宽泛的提示词时，ChatGPT 给出的回复较为概念化，涉及多个方面的信息；而输入具体的提示词时，ChatGPT 会给出更贴近提问的回复。两种提示词各有其用处，用户选择输入哪种提示词取决于真正的需求是什么。

3.1.2　确定具体主题

扫码看教学视频

一般来说，用户选择较为宽泛的提示词，是想要 ChatGPT 生成一些事实性、概念性的回复，例如询问厄尔尼诺现象是什么、世界上最高的山脉是什么等。而用户选择较为具体的提示词，大多数是想要 ChatGPT 提供一些灵活性、观念性的回复，例如询问如何看待熬夜现象等。

从这一层面上看，较为宽泛的提示词并不难编写，反而是编写较为具体的关键词会有一定难度。因此，编写有效的、具体的提示词是用户需要掌握的技能，而第一要义就是确定提示词的主题。

例如，用户想通过 ChatGPT 生成一篇有关秋季养生的短视频文案，那么"秋季养生"便是提示词的主题，而"一篇短视频文案"则是用户的需求，组合在一起，就可以得到要输入的提示词——"请帮我写一篇主题为秋季养生的短视频文案"。

在ChatGPT的输入框中输入提示词并发送，便可以得到ChatGPT生成的回复，如图 3-3 所示。

ChatGPT
当然可以。关于秋季养生的短视频文案，你可以考虑以下内容：

标题：《秋季养生小贴士》

开场：[镜头展示落叶和秋天的景色] "随着秋风起，我们迎来了收获的季节。但别忘了，这也是一个养生的好时机。"

第一部分：饮食养生
[展示应季水果和蔬菜，如苹果、南瓜]
"秋季应选择滋阴润燥的食物，比如梨、苹果和南瓜。多吃含有丰富维生素的食物，有助于增强免疫力。"

第二部分：适量运动
[展示慢跑、瑜伽等轻柔运动]
"适当的运动能够增强体质，促进血液循环。秋天适合进行温和的户外运动，如慢跑或瑜伽。"

第三部分：保持适宜睡眠
[展示安静的睡眠环境]
"秋季夜长，保证充足的睡眠对于身体健康至关重要。早睡早起，与自然规律同步。"

第四部分：情绪调养
[展示静心冥想或与家人朋友欢聚的场景]
"秋季易感情绪波动，适时调整心态，保持乐观，与家人朋友共度美好时光。"

结尾：
[镜头再次展示秋天的自然景观]
"让我们一起珍惜这个多彩的季节，做好养生，迎接美好的每一天。祝您秋季愉快！"

这样的文案结构清晰，内容丰富，既有实用建议，又有积极向上的情感表达，非常适合制作秋季养生主题的短视频。你可以根据自己的实际情况进行调整和丰富。

图 3-3　ChatGPT 给出的回复

简而言之，当用户想要通过 ChatGPT 生成灵活性、观念性的回复时，则需要在提示词上说明主题，主题需要具体到某个领域、某个行业或某个话题。

3.1.3 加入限定语言或条件

如果用户在给 ChatGPT 的提示词中已经说明了主题，但依然没有得到理想的回复，可以进一步细化主题描述，多加入一些限定语言或条件。下面将举例介绍具体的操作方法。

步骤 01 打开 ChatGPT，在其输入框中输入主题为冲锋衣产品推广文案的提示词，如"请提供两条冲锋衣的产品推广文案"，按【Enter】键确认，ChatGPT 生成的回复如图 3-4 所示。

> **ChatGPT**
> 当然，这里有两个为冲锋衣设计的产品推广文案：
>
> 1. "探索自然的勇士——穿上我们的高性能冲锋衣！无论是翻越高山，还是穿越密林，我们的冲锋衣都能提供卓越的防水、透气性能，保证您在任何天气条件下都能保持干燥舒适。时尚的设计，结合创新技术，让您在户外探险时既时尚又实用。准备好迎接自然的挑战吗？选择我们的冲锋衣，让每一次探险都成为难忘的旅程！"
> 2. "每一次户外冒险，都值得最佳装备的陪伴。我们的冲锋衣采用先进面料，结合精细工艺，为您提供全面的保护。不论是风雨交加的徒步旅行，还是阳光明媚的登山征程，它都能有效阻挡恶劣天气，同时保持透气舒适。搭配多功能口袋和人体工程学设计，我们的冲锋衣不仅提升您的户外体验，更彰显您的独特风格。准备好与我们的冲锋衣一起，踏上下一次精彩旅程了吗？"

图 3-4　ChatGPT 生成的回复

步骤 02 单击已发送的提示词下方的 ✐ 按钮，加入限定语言将提示词改写为"请以中老年人为目标用户，提供两条冲锋衣的产品推广文案"，单击 Save & Submit（保存并提交）按钮，让 ChatGPT 根据新的提示词生成回复，如图 3-5 所示。

> **ChatGPT**
> 当然，以下是两条针对中老年人群的冲锋衣产品推广文案：
>
> 1. "重拾户外活力，与自然共舞！我们的专业冲锋衣，专为中老年人设计，结合时尚与舒适。高科技面料，防风防水，适应各种气候变化，保证您在户外活动中既安全又舒适。穿上它，无论是山间徒步还是市区散步，都能轻松应对，让您的每一次外出都充满活力和安心！"
> 2. "尊敬的长者，探索不设限！我们的高级冲锋衣，专为热爱生活的您量身打造。采用轻盈透气材料，确保舒适度，同时提供完善的保暖和防水功能。优雅的设计，不仅适合户外旅行，也适合日常穿搭。穿上我们的冲锋衣，无论是城市漫步还是郊外行走，都能让您尽享优雅与自在，体验生活的每一分精彩！"

图 3-5　加入限定语言后 ChatGPT 生成的回复

步骤03 再次单击提示词下方的 ✐ 按钮，加入限定条件将提示词改写为"请以中老年人为目标用户，提供两条冲锋衣的产品推广文案，要求突出产品的亮点，有吸引力"，单击 Save & Submit 按钮，让 ChatGPT 再次根据新的提示词生成回复，如图 3-6 所示。

> 🔵 **ChatGPT**
>
> 当然，为中老年人设计的冲锋衣产品推广文案应该突出其舒适性、耐用性和适合年长用户的特点。以下是两条为中老年人定制的冲锋衣产品推广文案：
>
> 1. "经典与舒适兼备，专为银发族设计！我们的冲锋衣采用轻盈透气材料，保证您在户外活动时既保暖又舒适。具备易于操作的拉链和按钮，方便穿脱，是您散步、旅行或园艺的理想之选。穿上我们的冲锋衣，体验无忧的户外乐趣，让每一次出行都成为年轻的体验！"
> 2. "重拾户外活力，用我们的高级冲锋衣为生活添彩！特别针对中老年人的需求设计，此款冲锋衣采用高科技面料，提供卓越的防风防水性能，同时保持极佳的透气性。简洁大方的款式，适合各种场合，无论是郊游、购物还是日常散步。穿上它，不仅保暖舒适，更展现出成熟稳重的风采！"
>
> 这些文案注重产品的实用性和舒适度，同时兼顾时尚感，以吸引中老年消费者的关注。
>
> 🗐 👍 👎 🔁

图 3-6　加入限定条件后 ChatGPT 生成的回复

可以看出，ChatGPT 会根据提示词的主题细化程度给出不同的回复。一般来说，用户输入越详细的主题描述，得到高效回复的概率会越大。

3.1.4　模仿语言风格

扫码看教学视频

当用户不知道如何编写提示词才能够获得满意的回复时，可以指定语言风格，让 ChatGPT 进行模仿，并按照特定风格来生成回复，用户可以指定自己喜欢的影视人物、动漫人物、作家、文学作品等语言风格。下面介绍具体的操作方法。

步骤01 在 ChatGPT 的输入框中输入"请以阿加莎·克里斯蒂（Agatha Christie）的语言风格，创作一篇 400 字以内的侦探故事"，如图 3-7 所示。

> 📎　请以阿加莎·克里斯蒂（Agatha Christie）的语言风格，创作一篇400字以内的侦探故事　◄── 输入🖱

图 3-7　输入提示词

步骤02 按【Enter】键确认，ChatGPT 会模仿该艺术家的风格生成对应的回复，如图 3-8 所示。

ChatGPT

在一幢典雅的英国乡村别墅中，夜幕低垂，一场神秘的谋杀案打破了平静。警探哈罗德·格雷森，一位有着锐利眼神和银灰色头发的经验丰富的侦探，被召唤来解开这个复杂的谜团。

被害人是富有的业主，查尔斯·温莎，他被发现死在书房里，身边散落着几张奇怪的纸条。房间内没有明显的进入迹象，一切看起来像是自杀，但格雷森警探的直觉告诉他，事情并非如此简单。

格雷森警探仔细审视了现场，发现了一枚几乎看不见的戒指印记在书桌上，以及一本半掩在沙发边的日记。日记中记录了查尔斯与他的几位亲朋好友之间的紧张关系，包括一个贪婪的侄子、一个被遗弃的前妻，以及一个神秘的商业伙伴。

当晚参加晚宴的每位客人都有作案的动机和机会，使得案件变得更加扑朔迷离。格雷森警探开始逐一访问嫌疑人，每个人都为自己的清白辩护，同时暗指其他人的可疑之处。

就在调查陷入僵局时，格雷森发现了关键线索：一枚失落的钻石戒指，它不仅与书桌上的印记相匹配，还指向了一个意想不到的嫌疑人。原来，这起谋杀案背后隐藏着一段复杂的情感纠葛和财产纷争。

最终，在一次令人屏息的揭秘晚宴上，格雷森警探巧妙地揭露了真凶。正是那位看似无害的家庭管家，他为了掩盖自己与查尔斯的秘密关系，以及对遗产的渴望，设计了这起完美的犯罪。

随着谜底的揭开，别墅中的紧张气氛终于得以缓解。格雷森警探再次证明了自己作为一名杰出的侦探的娴熟技巧，而这个案件也成为了他职业生涯中的又一传奇故事。

图 3-8　ChatGPT 生成的回复

3.1.5　提供参考例子

扫码看教学视频

用户在对 ChatGPT 进行提问时，可以提供一个具体的例子让其参考，等 ChatGPT 识别之后便可以生成更为满意的答案，详细的操作方法如下。

步骤01 在 ChatGPT 的输入框中输入提示词，如"旅行类短视频的标题文案通常是文艺且富有诗意的，如'漫步云端，寻觅诗和远方'，请提供 10 个类似的标题文案"，如图 3-9 所示。

旅行类短视频的标题文案通常是文艺且富有诗意的，如"漫步云端，寻觅诗和远方"，请提供10个类似的标题文案

输入

图 3-9　在输入框中输入提示词

步骤02 按【Enter】键确认，ChatGPT 会生成相应的回复，如图 3-10 所示。

ChatGPT
当然，这里有10个充满诗意的旅行类短视频标题文案，适合用来激发观众的好奇心和向往：

1. "星光下的旅途，遇见梦中的世界"
2. "风吹过的地方，心之所向"
3. "在时间的河流中，寻找永恒的美好"
4. "穿越古老的小巷，探寻岁月的足迹"
5. "追逐日落的余晖，拥抱大海的宁静"
6. "高山之巅，与云朵并肩"
7. "走过每一片绿意，聆听大自然的呼吸"
8. "探索未知的角落，发现生活的惊喜"
9. "在浩瀚星空下，讲述无尽的故事"
10. "跨越千山万水，只为寻找心中的那片净土"

图 3-10　ChatGPT 生成的回复

3.1.6　进行角色扮演

扫码看教学视频

　　ChatGPT 作为一个语言模型，可以充当各式各样的角色，因此用户在与 ChatGPT 对话时，可以先赋予其身份，例如让 ChatGPT 充当文案策划专员，提供写作爆款文案的建议，ChatGPT 会生成更有参考价值的文案建议。下面介绍具体的操作方法。

　　步骤01 在输入框中输入"你是一名经验丰富的设计师，你正在进行一款蓝牙耳机的设计工作，请问你在设计过程中会考虑哪些设计要素"，如图 3-11 所示。

你是一名经验丰富的设计师，你正在进行一款蓝牙耳机的设计工作，请问你在设计过程中会考虑哪些设计要素　　←输入

图 3-11　在输入框中输入提示词

　　步骤02 按【Enter】键确认，ChatGPT 会生成相应的回复，如图 3-12 所示。

ChatGPT
作为一名经验丰富的设计师，在设计一款蓝牙耳机时，我会考虑以下几个关键的设计要素：

1. **用户舒适度**：耳机的形状和尺寸需要适合不同用户的耳朵，确保长时间佩戴也不会感到不适。
2. **音质**：高质量的音频输出是蓝牙耳机的核心要素。考虑不同的音频技术，如降噪功能，提升用户听觉体验。

图 3-12

> 3. **电池寿命**：长效的电池寿命对于蓝牙耳机来说至关重要，尤其是对于经常在外的用户。
> 4. **耐用性和材料**：选择耐用、轻便且对皮肤友好的材料，确保耳机能够承受日常使用的磨损。
> 5. **控制和连接性**：设计直观易用的控制界面，确保与各种设备的兼容性和稳定的蓝牙连接。
> 6. **外观和风格**：外观设计需要吸引目标市场，可以考虑时尚、专业或运动风格，以符合不同用户群的喜好。
> 7. **环境适应性**：考虑耳机在不同环境下的使用，比如防水、防汗功能对于户外运动用户来说非常重要。
> 8. **价格与定位**：根据目标市场和品牌定位来决定产品的价格区间和功能。
> 9. **易用性**：简化配对和操作流程，提高用户体验。
> 10. **可持续性**：考虑环保材料和可持续生产方式，满足现代消费者对环保的关注。
>
> 综合这些要素，可以设计出既符合市场需求又具有竞争力的蓝牙耳机。

图 3-12　ChatGPT 生成的回复

3.1.7　指定受众群体

扫码看教学视频

用户在与 ChatGPT 进行对话时，可以指定受众群体。通过提供特定领域、特定背景或专业知识相关的问题，可以让 ChatGPT 更好地理解你的需求，从而提供更准确、高效的回复。下面将介绍具体的操作方法。

步骤 01 打开 ChatGPT，在其输入框中输入"请针对长时间坐在电脑前的上班族创作一篇有关人体工学椅的产品推广文案，要求突出产品的质量和实用性，不超过 300 字"，如图 3-13 所示。

图 3-13　在输入框中输入提示词

步骤 02 按【Enter】键确认，ChatGPT 会生成相应的回复，如图 3-14 所示。

ChatGPT
当然可以。这是一篇针对长时间坐在电脑前的上班族的人体工学椅产品推广文案，重点突出产品的质量和实用性：

在快节奏的工作环境中，我们常常忽视了身体健康的重要性。为了改变这一现状，我们精心设计了这款专为长时间坐在电脑前的上班族打造的人体工学椅。这款椅子不仅具有优异的质量，还极具实用性，旨在为您的工作日带来舒适与健康。

我们的人体工学椅采用了高端耐用材料，确保了产品的稳固性和耐久性。椅背和座椅采用透气材质，即使长时间使用也能保持凉爽舒适。独特的腰部支撑设计，能有效减轻腰部压力，预防腰痛的发生。同时，可调节的手臂托和座椅高度让每位使用者都能找到最适合自己的坐姿。

我们深知，健康的工作环境对于提高工作效率至关重要。因此，这款人体工学椅不仅仅是一件办公家具，它是您迈向更健康工作方式的关键。投资一把优质的人体工学椅，就是投资您自己的健康。选择我们的椅子，为您的工作和生活带来长久的舒适与支持。

这篇文案在不超过300字的限制下，突出了产品的质量和实用性，同时强调了健康和舒适对提高工作效率的重要性。

图 3-14　ChatGPT 生成的回复

3.1.8　使用不同的视角

扫码看教学视频

在平时写作的过程中，用户可以通过在不同的段落或章节中使用不同的视角，引入不同的人物、观点或经历，从而丰富文章的厚度。将这个思路运用到提示词的编写中，可以让 ChatGPT 更好地完成创作任务。下面将介绍具体的操作方法。

步骤 01 打开 ChatGPT，在其输入框中输入"请以第一人称视角创作一篇丛林探险纪录片的开场旁白文案"，如图 3-15 所示。

请以第一人称视角创作一篇丛林探险纪录片的开场旁白文案 ← 输入

图 3-15　在输入框中输入提示词

步骤 02 按【Enter】键确认，ChatGPT 会生成对应的回复，如图 3-16 所示。

ChatGPT
当然，这是一个第一人称视角的丛林探险纪录片的开场旁白文案：

"当我迈入这片未被触及的热带雨林，我能感受到每一寸土地都充满了生命的脉动。我是一名探险家，踏上了一段寻找未知和探索自然奥秘的旅程。我周围是密集的树木，它们的高大树冠像伞一样覆盖着头顶，只有稀疏的阳光能透过密集的叶子洒下来。

我听到四周树林中传来各种生物的声音：远处的猴子欢快地叫着，昆虫们忙碌地在树叶间穿梭。每一步都是对未知的挑战，也是对自然深刻理解的机会。我的目标不仅仅是穿越这片森林，更是要深入了解这里的生态系统，记录下每一种奇特的生物和珍贵的自然景观。

这是一次与自然同行的旅程，一次心灵与自然对话的体验。随着我深入丛林，我将分享我的所见所闻，让你们也能感受到这片神秘森林的魅力。这里，每一寸土地都有故事，每一声动静都是自然的语言。跟随我的脚步，一起探索这未知的世界。"

图 3-16　ChatGPT 生成的回复

3.1.9　加入种子词

扫码看教学视频

种子词是指生成的文章中需要包含的字词。在提示词中加入种子词，可以帮助 ChatGPT 模型更快地提取到恰当的文本数据，从而生成更为有效的答案。下面介绍具体的操作方法。

步骤01 在 ChatGPT 的输入框中输入"请根据种子词生成一篇运动球鞋的推广文案，不超过 300 个字，种子词：舒适、透气、缓震"，如图 3-17 所示。

图 3-17　在输入框中输入提示词

步骤02 按【Enter】键确认，ChatGPT 会生成对应的回复，如图 3-18 所示。

图 3-18　ChatGPT 生成的回复

3.2　构建高质量 AI 内容的写提示词技巧

ChatGPT 生成的文案质量与用户的提问方式密切相关，因此当用户对 ChatGPT 初次提供的文案不太满意时，可以采取一些技巧，引导 ChatGPT 生成高效、符合预期的回复。本节将介绍一些写提示词的技巧，帮助用户生成更优质的 AI 文案。

3.2.1　添加关键信息

扫码看教学视频

ChatGPT 是根据用户提供的提示词来生成文案的，因此文案的内容与提示词有关。一般来说，越准确、有针对性的提示词越会获得更令人满意、高效的回复，这就要求用户在编写提示词时应注重问题的核心和关键点，并将其融入提示词。

例如，用户的需求是写一篇美食推文，不能单纯地将"请写一篇美食推文"作为提示词输入给 ChatGPT，而应该稍加思考，有无可确定的主题、受众人群、字数要求等，所有涉及推文的相关点都可以视作关键信息给予 ChatGPT。下面将举例示范在提示词中添加关键信息引导 ChatGPT 生成回复的操作方法。

步骤01 打开 ChatGPT，在其输入框中输入"请帮我写一篇面向应届毕业生、关于工作总结的推文，要求 300 字左右"，如图 3-19 所示。

图 3-19　在输入框中输入提示词

步骤02 按【Enter】键确认，ChatGPT 会生成相应的回复，如图 3-20 所示。

> **ChatGPT**
> 当然，这里是一篇面向应届毕业生的关于工作总结的推文：
>
> 🎓 对于应届毕业生来说，工作总结不仅是回顾，更是成长的起点。作为职场新人，我们都经历了从校园到办公室的转变，这一年的工作经历，无论是挑战还是成就，都值得我们细细品味。
>
> 🗝 首先，认识自己。工作初期，我们可能对自己的职业定位不够清晰。通过这一年的实践，我们更加了解自己的兴趣和优势所在。也许你发现自己擅长数据分析，或者在团队合作中发挥了领导才能，这些都是宝贵的自我发现。
>
> 🔍 其次，学会反思。每个项目的完成，每次会议的参与，甚至是每次失败的经历，都是学习和进步的机会。不要害怕犯错，重要的是从中吸取教训，不断优化自己的工作方法和思维模式。
>
> ✿ 再者，珍视人际网络。工作中结识的每一位同事、上司、客户都可能成为未来职业道路上的贵人。保持良好的职场关系，不仅有助于当前的工作效率，也是长远职业发展的重要资本。
>
> ☑ 最后，制定未来规划。经过一年的职场磨砺，你可能对未来有了更清晰的规划。无论是继续深造，还是跳槽寻求更好的发展，都应该基于对自己能力和职业愿望的深刻理解。

图 3-20

✨ 总结过去，规划未来。作为应届毕业生，我们正处于职业生涯的起跑线。让我们带着这一年的收获和教训，迎接更加精彩的未来！

这篇推文大约300字，旨在鼓励应届毕业生总结过去一年的工作经历，同时也为他们的未来职业发展提供指导和启示。

图 3-20 ChatGPT 生成的回复

可以看出，ChatGPT 按照所给的提示词，贴合推文的受众群体和主题，提供了一篇要点清晰的推文，能够为用户提供一些灵感。

3.2.2 循序渐进式沟通

扫码看教学视频

相对于其他 AI 机器，ChatGPT 的优势在于擅长联系上下文来生成答案，因此用户可以将 ChatGPT 视作“人”来进行沟通，通过循序渐进的方式进行提问，使回复更加接近我们的预期。下面将举例介绍具体的操作方法。

步骤 01 在 ChatGPT 的输入框中输入“创作一篇科幻悬疑小说要做哪些准备”，按【Enter】键确认，ChatGPT 给出创作科幻悬疑小说的准备步骤，如图 3-21 所示。

ChatGPT

创作一篇科幻悬疑小说需要做以下几个方面的准备：

1. **主题和概念的构思**：确定你的小说想要探索的科幻概念，如时间旅行、虚拟现实、未来世界、外星生命等。同时，考虑你想要传达的主题，比如人性、科技伦理、社会结构的变迁等。
2. **世界观构建**：详细规划你的故事背景。这包括科技水平、社会结构、政治环境、地理特征等。对于悬疑元素，思考它如何在这个世界观中自然地展开。
3. **人物创设**：创造鲜明、多维的角色。主角和反派角色应具有深度和动机，支持角色也应有助于推动故事发展或增加故事深度。
4. **情节规划**：构思故事的主线，包括起始事件、冲突、高潮和结局。对于悬疑小说，设计悬念和转折点，让读者在阅读过程中保持好奇和兴趣。
5. **科学和技术的研究**：为了让故事显得可信，对相关的科学和技术进行适当的研究。了解当前的科技趋势和理论可以帮助你创造出更具吸引力的科幻元素。
6. **风格和语言**：决定你的写作风格和语言表达方式。科幻悬疑小说可以从硬科幻到富有想象力的风格不等，选择最适合你故事的方式。
7. **阅读和研究**：阅读其他优秀的科幻悬疑作品，了解这一领域的经典和现代趋势。通过研究其他作者的作品，你可以获得灵感和写作技巧。
8. **写作计划**：设定一个实际的写作计划和目标。保持持续的写作习惯，同时留出时间进行修改和重写。

记住，创作过程是动态的，你的故事和角色可能会随着写作的进行而发展和变化。保持开放的心态，让你的创意自由流动。

图 3-21　ChatGPT 给出创作科幻悬疑小说的准备步骤

步骤02 在同一个聊天窗口中输入"如何规划角色的故事背景"，按【Enter】键确认，ChatGPT 会给出规划角色故事背景的方法，如图 3-22 所示。

ChatGPT

规划角色的故事背景是创作过程中非常重要的一步，它有助于赋予角色深度和真实感，同时也为整个故事的发展提供动力。以下是一些规划角色背景的建议：

1. **基本信息**：定义角色的基础信息，如姓名、年龄、性别、职业、国籍等。这些信息构成了角色的基本框架。
2. **外貌描述**：描述角色的外貌特征，包括身高、体型、发色、眼睛颜色等。这有助于读者在心中形成一个清晰的形象。
3. **性格特征**：明确角色的性格特点。他们是内向还是外向？乐观还是悲观？勇敢还是谨慎？性格特征将直接影响角色的行为和决策。
4. **背景故事**：构思角色的成长环境和过去的经历。他们的家庭如何？他们曾经经历了什么重要事件？这些经历如何塑造了他们的性格和世界观？
5. **动机和目标**：确定角色的动机和目标。他们在故事中追求什么？他们的愿望和恐惧是什么？这些因素将驱动故事的进展。
6. **关系网**：考虑角色与故事中其他角色的关系。他们与其他角色的关系是友好的、敌对的还是复杂的？这些关系如何影响故事的走向？
7. **特殊技能或缺陷**：决定角色是否拥有任何特殊技能或缺陷。这些特质可以是物理的、智力的或情感的，并且会在故事中发挥重要作用。
8. **转变和发展**：思考角色在故事中如何成长或改变。他们会如何应对挑战和困境？他们的内心和世界观会有哪些转变？
9. **符号和主题**：考虑角色如何体现或反映你的故事主题。他们的经历和冲突是否与整个故事的主题相呼应？
10. **文化和社会背景**：如果适用，考虑角色的文化和社会背景。这些因素如何影响他们的世界观和行为？

记住，角色的故事背景应该与整个故事的情节和主题紧密相连。它不仅仅是角色的历史，而是塑造他们在故事中行为和决策的基础。

图 3-22　ChatGPT 给出规划角色故事背景的方法

步骤03 用户还可以提问其他细节，例如输入"如何塑造角色的性格特点"，按【Enter】键确认，ChatGPT 会给出塑造角色性格特点的方法，如图 3-23 所示。

ChatGPT

塑造角色的性格特点是创作过程中的一个关键环节，它能让角色显得更加鲜明和真实。以下是一些建议，有助于你在创作中塑造出鲜明的性格特点：

1. **定义核心特质**：首先确定角色的一到两个核心性格特征，比如勇敢、聪明、善良或狡猾。这些特质将成为角色性格的基石。
2. **复杂化性格**：现实中的人都不是单一面向的，因此给角色添加一些相对立的特质，比如一个外表强硬但内心敏感的角色，可以使角色更加立体和真实。
3. **背景影响**：考虑角色的成长环境、经历和文化背景是如何塑造其性格的。一个人的过去往往对其性格产生深远影响。
4. **动机与目标**：角色的性格很大程度上会影响他们的动机和目标。思考角色想要什么，以及他们为了达成目标可能采取的行动。
5. **人际互动**：角色与其他角色的互动可以揭示很多性格特点。例如，他们如何处理冲突、与朋友相处以及对待陌生人等。
6. **内部冲突**：内部冲突是塑造角色深度的有效方式。例如，一个角色可能在道德和个人利益之间挣扎，这种内部冲突使他们更加丰富和有趣。
7. **行为表达**：性格特点应该通过角色的行为表现出来。例如，一个勇敢的角色可能会在危险情况下挺身而出，一个机智的角色可能会在讨论中展现出其智慧。
8. **语言和对话**：角色的性格也可以通过他们的语言和对话方式体现。例如，一个幽默的角色可能经常开玩笑，而一个严肃的角色可能更倾向于直接和严肃的对话。
9. **变化与成长**：在故事发展过程中，角色的性格可以发生变化。这种变化应该是情节发展和角色经历的自然结果。
10. **一致性**：虽然角色可以随着故事发展而成长和改变，但他们的核心性格特点应该保持一致，以便读者能够理解和信任这个角色。

通过这些方法，你可以创造出生动、复杂且引人入胜的角色，使他们在你的故事中栩栩如生。

图 3-23　ChatGPT 给出塑造角色性格特点的方法

可以看出，ChatGPT 根据用户循序渐进的提问会给出更加细致的回复。用户在运用这个方法向ChatGPT提问时，相当于将ChatGPT视作一个知识渊博的“人”，循序渐进地抛出问题让其满足我们的好奇心。

3.2.3　选择最佳方案

当用户想让ChatGPT生成更有针对性的文案时，可以提供多个选项进行提问，类似于让 ChatGPT 做选择题，ChatGPT 会选择合适的选项，并给出答案的解析。下面将举例介绍具体的操作方法。

步骤 01 在 ChatGPT 的输入框中输入“我是一名刚上大学的学生，平常需要进行 3D 建模，现在需要购买一个建模的设备，请从以下选项中选出符合我要求的设备，并说明原因（另起一行）设备有：1.台式电脑；2.笔记本电脑；3.平板电脑"，如图 3-24 所示。

图 3-24　在输入框中输入提示词

步骤 02 按【Enter】键发送，ChatGPT 按照提示词给出回复，如图 3-25 所示。

ChatGPT

对于进行3D建模的大学生来说，合适的设备选择取决于一些关键因素，比如性能、便携性、预算和使用场景。

1. **台式电脑**：对于需要处理复杂和高细节的3D建模项目，台式电脑是最佳选择。它通常提供更强大的处理器、更高级的图形卡和更大的存储空间。此外，台式电脑也允许更容易地升级硬件。但缺点是它不便携，不适合需要在校园内多地点工作的学生。
2. **笔记本电脑**：如果你需要在校园不同地方（如课堂、图书馆、宿舍）进行工作，那么笔记本电脑是个不错的选择。高性能的笔记本电脑（如游戏笔记本或专业工作站）可以很好地处理大多数3D建模任务，同时提供良好的便携性。但是，与台式机相比，它们通常性能稍逊一筹，价格也更高。
3. **平板电脑**：尽管平板电脑非常便携且适合一些基本的图形任务，但对于复杂的3D建模来说，它们通常不够强大。平板电脑的处理能力、存储空间和图形处理能力通常无法与高性能笔记本或台式机相媲美。

基于这些因素，如果你的主要考虑是性能和能够处理复杂的3D建模任务，我推荐选择**台式电脑**。如果你更重视便携性，同时愿意为此牺牲一些性能，那么**高性能笔记本电脑**可能是更好的选择。平板电脑可能不是理想选择，除非你的3D建模需求相对基础。

图 3-25　ChatGPT 按照提示词给出回复

3.2.4　整理归纳问题

扫码看教学视频

　　用户在编写提示词时，可以将有共性的问题整理、归纳在一起，作为提示词提供给 ChatGPT。这类提问方式有很好的目标指向性，会涉及分类、归纳和概括的思维过程，能够引导 ChatGPT 给出针对性和逻辑性强的回复。下面将举例介绍具体的操作方法。

　　步骤 01 在 ChatGPT 的输入框中输入"村上春树的小说有什么特色？对于现代文学的写作有哪些启示？"如图 3-26 所示。

村上春树的小说有什么特色? 对于现代文学的写作有哪些启示? ←— 输入 ↑

图 3-26　在输入框中输入提示词

步骤 02 按【Enter】键确认，随后 ChatGPT 会结合这两个问题给出回复，如图 3-27 所示。

ChatGPT

村上春树的小说具有以下几个显著特色:

1. **魔幻现实主义**: 村上春树的作品常融合现实与超现实元素，创造出一种独特的魔幻现实主义风格。这种风格使得平凡的生活场景中常常出现不可思议的、超自然的元素。
2. **深层心理探索**: 他的小说深入探讨人类内心的孤独、迷茫与寻求意义的过程。村上通过细腻的心理描写，展现了人物内心深处的情感与思考。
3. **流行文化与西方文化的融合**: 他的作品中充满了对流行音乐、电影、西方文学等元素的引用，显示了他对西方文化的深厚兴趣和广泛涉猎。
4. **简洁而富有韵律的语言**: 村上春树的写作风格简洁明快，语言流畅，具有一种独特的韵律感，使他的故事易于阅读同时又富有深意。

对于现代文学的写作，村上春树的作品提供了以下几个启示:

1. **跨文化视角的重要性**: 村上的作品展示了如何将不同文化元素融合在一起，创造出独特的文学风格，这对于全球化背景下的现代作家来说是一个重要的启示。
2. **情感与心理的深入挖掘**: 他的作品鼓励作家深入挖掘人物的心理和情感，展现人类经验的复杂性和深度。
3. **现实与幻想的结合**: 村上春树的魔幻现实主义手法为现代作家提供了一种探索现实与幻想、理性与非理性之间界限的新方式。
4. **语言风格的探索**: 他的简洁而具有韵律的写作风格启发作家在保持故事流畅性的同时，也要追求语言的美感和节奏感。

图 3-27　ChatGPT 结合两个问题给出回复

3.2.5　设定固定框架

扫码看教学视频

当用户需要生成一些有固定模板、风格、框架等固定形式的文案时，可以用设定固定框架的方式向 ChatGPT 提问，从而获得更加精准的内容。下面介绍具体的操作方法。

步骤 01 在 ChatGPT 的输入框中输入提示词，如图 3-28 所示，让 ChatGPT 撰写节假日通知。

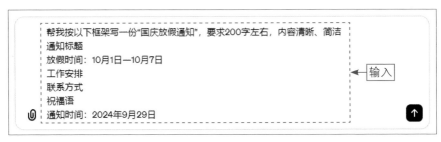

图 3-28 在输入框中输入提示词

步骤02 按【Enter】键确认，ChatGPT 会按照提示词中的框架给出通知，如图 3-29 所示，可以看出，ChatGPT 根据提示词中的框架和主题填充了较为正式的内容。

ChatGPT
当然可以。下面是一份按您所提供的框架撰写的"国庆放假通知"，字数大约200字，内容清晰简洁：

国庆节放假通知

尊敬的员工们：

根据国家法定节假日安排及公司实际情况，现将2024国庆节放假事宜通知如下：

放假时间：10月1日至10月7日，共7天。10月8日（星期一）正式上班。

工作安排：请各部门根据本部门工作实际，提前做好放假前的工作总结和放假期间的工作安排。特别提醒，放假前一天请确保所有办公设备关闭，以确保安全。

联系方式：如遇紧急情况，请及时通过公司紧急联络电话联系，或直接向部门负责人汇报。

祝福语：在此，公司向全体员工及家属致以节日的问候和良好的祝愿，希望大家度过一个安全、愉快的国庆假期。

通知时间：2024年9月29日

图 3-29 ChatGPT 按照提示词框架给出通知

3.2.6 进行循环式提问

扫码看教学视频

当用户对 ChatGPT 的回复不太满意时，可以采用在提示词中添加条件进行循环提问的方式，在 ChatGPT 所给回复的基础上不断地进行追问，直到获得接近用户预期的答案为止。

这类提问方式相当于挖掘 ChatGPT 的潜力，通过提问的方式让 ChatGPT 自行优化升级，从而获得最优的解决方案。下面将举例介绍具体的操作方法。

步骤 01 在 ChatGPT 的输入框中输入"请创作一首主题为桃花的小诗，不超过 50 个字"，按【Enter】键确认，ChatGPT 会给出符合主题的回复，如图 3-30 所示。

图 3-30　ChatGPT 给出符合主题的回复

步骤 02 在同一个聊天窗口中输入"请重新写一首小诗，要求多一些新意和感情，并给予解释"，按【Enter】键确认，ChatGPT 会按照要求给出回复，如图 3-31 所示。

> **ChatGPT**
> 桃花笑春风，舞动轻柔梦。
> 潺潺溪水旁，倩影轻轻渡。
> 岁月悠悠长，花香淡淡愁。
> 一朵自飘洒，情思散不尽。
>
> 解释：
>
> 1. **桃花笑春风，舞动轻柔梦**：桃花在春风中绽放，仿佛在跳一场轻盈的梦幻之舞，象征着春天的美好与生机。
> 2. **潺潺溪水旁，倩影轻轻渡**：溪水潺潺流淌，倒映着桃花的影子，如同一位轻盈跨过溪水的女子，增添了一丝柔情与诗意。
> 3. **岁月悠悠长，花香淡淡愁**：时间悠长，桃花虽美，却也带着一丝无法言说的淡淡哀愁，暗示着生命的短暂与美丽的易逝。
> 4. **一朵自飘洒，情思散不尽**：一朵桃花随风飘散，象征着情感的无限延伸，无论是爱情还是对生活的感慨，都如同这桃花一般，美丽而深远。

图 3-31　ChatGPT 按照要求给出回复

步骤 03 在同一个聊天窗口中输入"请重新写一首小诗，要求比前面的诗更富有哲理，并给予解释"，按【Enter】键确认，ChatGPT 会按照要求给出新的回复，如图 3-32 所示。

ChatGPT

桃花照水影，岁月静悄行。
春风十里柔，不及心中情。
生如夏花短，梦随秋叶轻。
寻常一瞬间，是非皆化云。

解释：

1. **桃花照水影，岁月静悄行**：桃花映照在水中，反映出时间在不知不觉中流逝。这句话描绘了自然美景与时间无声移动的哲理。
2. **春风十里柔，不及心中情**：尽管春风温柔，却比不上心中的情感深厚。这句反映了内心情感的深度与复杂性，超越了自然界的柔和。
3. **生如夏花短，梦随秋叶轻**：生命就像夏日的花朵，短暂而美丽；梦想如同秋天的落叶，轻盈而易逝。这句表达了生命的短暂和梦想的易逝，暗喻人生的无常和脆弱。
4. **寻常一瞬间，是非皆化云**：在日常生活的一瞬间，所有的纷争和是非都会如云般消散。这句话传达了一种超脱的哲学观点，鼓励人们超越小事的纠缠，寻求更高的精神境界。

图 3-32　ChatGPT 按照要求给出新的回复

3.2.7　综合多维度提问

扫码看教学视频

综合多维度提问的方式可以获得更加全面、深入的回复，如让 ChatGPT 综合剧情、导演风格、角色表演、视觉效果等多个维度来评价一部电影，可以获得更清晰、明确的答案。下面将举例介绍具体的操作方法。

步骤01 在 ChatGPT 的输入框中输入"《肖申克的救赎》的剧情有什么特点？"按【Enter】键确认，ChatGPT 会给出剧情方面的电影评价，如图 3-33 所示。

ChatGPT

《肖申克的救赎》（The Shawshank Redemption）的剧情有几个显著的特点：

1. **深刻的主题**：影片探讨了希望、自由、救赎和人性的复杂性。尽管设定在一个压抑的监狱环境中，但整个故事充满了对自由和人性尊严的渴望。
2. **精心构建的剧情**：影片的剧情经过精心设计，细节丰富且层次分明。剧情的推进并非一帆风顺，而是通过角色的发展和事件的转折来展现。
3. **复杂的人物刻画**：主角安迪和瑞德等人都有深刻的背景故事和复杂的性格特点。这些角色的发展和转变是影片情节发展的重要推动力。
4. **出人意料的结局**：影片的结局出乎许多观众的意料，既有戏剧性，又极具满足感，是影片的高潮部分。
5. **强烈的情感共鸣**：影片通过对人物命运的描绘，引发观众对于自由、友谊和忠诚等主题的深刻思考，从而产生强烈的情感共鸣。

《肖申克的救赎》因其精彩的剧情和深刻的主题，成为了一部被广泛赞誉的经典电影。

图 3-33　ChatGPT 给出剧情方面的电影评价

步骤 02 在同一个聊天窗口中输入“电影采用了什么样的叙事风格？”按【Enter】键确认，ChatGPT 会给出叙事风格方面的电影评价，如图 3-34 所示。

ChatGPT

《肖申克的救赎》采用了以下几种叙事风格：

1. **第一人称叙述**：影片的主要叙述是通过摩根·弗里曼饰演的角色瑞德的视角进行的。瑞德作为叙述者，通过他的视角和思考来讲述安迪以及其他角色的故事。这种叙事方式增强了故事的亲密感和真实感。
2. **线性叙事结构**：尽管影片中有一些回忆和闪回，但整体上，故事是沿着时间顺序线性发展的。从安迪被判入狱开始，直到最后的结局，故事按照时间顺序展开。
3. **详细的背景描述**：影片中对肖申克监狱的描述十分详尽，包括监狱的日常生活、规则以及狱内的权力结构。这些背景信息为理解角色的行为和决策提供了重要的环境依据。
4. **角色内心世界的深入挖掘**：除了叙述外在事件，影片还深入探讨了角色的内心世界，特别是主角安迪和瑞德。通过他们的思考和感受，观众能够更加深入地了解他们的性格和动机。
5. **情感和主题的强化**：通过瑞德的叙述，影片强调了希望、友谊、救赎等主题，使这些主题更加深刻和感人。

总的来说，《肖申克的救赎》通过第一人称叙述和线性叙事结构，结合丰富的背景描述和角色内心的深入挖掘，创造了一个既真实又深刻的故事世界。

图 3-34　ChatGPT 给出叙事风格方面的电影评价

步骤 03 在同一个聊天窗口中输入“电影中有哪些精彩桥段？”按【Enter】键确认，ChatGPT 给出了电影中的几个精彩桥段，如图 3-35 所示。

ChatGPT

《肖申克的救赎》中有许多精彩桥段，以下是其中最为突出的几个：

1. **安迪的入狱**：影片开头，安迪·杜佛兰因被错误地定罪谋杀妻子及其情人而被送入肖申克监狱。这一段设定了整个故事的背景。
2. **安迪播放歌剧**：在监狱里，安迪利用监狱广播系统播放了莫扎特的歌剧《费加罗的婚礼》。这个场景象征着艺术与美的力量，即使在压抑的监狱环境中也能带来一丝自由和慰藉。
3. **图书馆的建立**：安迪在监狱中努力改善图书馆，为囚犯们提供学习和阅读的机会。这不仅显示了安迪的智慧和毅力，也展示了他对于希望的坚持。
4. **瑞德的假释申请**：瑞德几次面对假释委员会，每次都因为不诚实而被拒绝。直到电影后期，他坦诚面对自己的罪行和悔过，才最终获得假释。
5. **安迪的逃脱**：影片的高潮是安迪经过多年的秘密挖掘，最终逃离了肖申克监狱。这个桥段令人震惊，完美展现了安迪的智慧和坚韧。
6. **最后的重逢**：影片的结尾，瑞德遵循安迪的指示，找到了他在墨西哥的一个小镇，两人在海滩上重逢。这一幕象征着自由和友谊的胜利，是整个电影中最感人的时刻之一。

这些桥段不仅推动了故事的发展，也深刻地展示了电影的核心主题，如希望、自由、友谊和救赎。

图 3-35　ChatGPT 给出电影中的精彩桥段

可以看出，从多个维度向 ChatGPT 提问电影评价，会获得更多有针对性的电影信息，而综合这些电影信息便可以获得更加全面的电影解读。

3.2.8　套用固定模板

扫码看教学视频

当用户需要 ChatGPT 生成特定的内容时，可以套用"你的角色【专业领域】+ 你的能力【成果期待】+ 我希望你【任务需求】"这一固定指令模板，让 ChatGPT 生成我们想要的答案。下面举例介绍这一固定指令的运用。

步骤 01 在 ChatGPT 的输入框中输入提示词，如"你的角色是服装设计师，你具备出众的创意思维和艺术才能，能够创作出迎合现代潮流的服装。现在我希望你以时尚卫衣为主题写一篇创作思路，要求 300 字左右"，如图 3-36 所示。

图 3-36　在输入框中输入提示词

步骤 02 按【Enter】键确认，ChatGPT 会根据提示词的要求给出时尚卫衣的创作思路，如图 3-37 所示。

> **ChatGPT**
>
> 作为一名服装设计师，我对于设计时尚卫衣的构思围绕着三个核心元素：舒适性、时尚感以及独特性。
>
> 首先，舒适性是卫衣设计的基础。我会选择柔软且透气的面料，如优质棉或混合纤维，确保穿着者在任何场合都感到舒适。卫衣的剪裁将是宽松的，但为了增加时尚感，我会在袖口和下摆添加微妙的设计细节，如不规则裁剪或细腻的拼接效果。
>
> 接着，为了突出时尚感，我将通过颜色和图案的运用来实现这一点。颜色上，我倾向于采用大胆且鲜明的色彩，如活力橙或深海蓝，这些颜色既能吸引眼球，又能展现穿着者的个性。图案设计方面，我计划融合现代艺术元素，如抽象几何图形或手绘涂鸦，这些图案不仅独特，还能反映出当代文化的韵味。
>
> 最后，为了增强独特性，我将在卫衣设计中融入一些个性化元素。例如，我会在卫衣的某个部位加入可定制的标签或徽章，顾客可以根据自己的喜好选择不同的图案或文字。此外，我还考虑在卫衣内里添加一些隐藏的设计细节，如印有励志语句的标签，这不仅让穿着者感到惊喜，也让卫衣本身更具故事性。
>
> 总而言之，我的设计目标是创造出既舒适又时尚的卫衣，它不仅是穿着者个性的展现，也是他们生活方式的一部分。通过独特的设计元素和细节处理，这些卫衣将成为时尚潮流中不可或缺的一环。

图 3-37　ChatGPT 给出时尚卫衣的创作思路

3.2.9 生成专业的回答

扫码看教学视频

随着 ChatGPT 的应用场景不断扩大，使用人群不断增多，人们对使 ChatGPT 生成更加专业的答案的需求也不断增多，而掌握"问题背景＋任务需求＋行业专家模板或方法论"这一指令模板，能够帮助我们生成更加专业的回答。这一指令模板的应用示例如下。

步骤01 在 ChatGPT 的输入框中输入提示词，如"根据《金字塔原理》一书中的理论，生成 3 条关于蓝牙耳机的广告文案，并说明为什么符合书中的理论"，如图 3-38 所示，让 ChatGPT 按照专业的理论知识来生成文案。

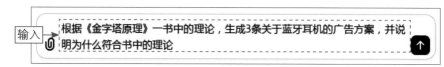

输入：根据《金字塔原理》一书中的理论，生成3条关于蓝牙耳机的广告方案，并说明为什么符合书中的理论

图 3-38 在输入框中输入提示词

步骤02 按【Enter】键确认，ChatGPT 会给出有专业性理论支撑的文案，如图 3-39 所示。

> **ChatGPT**
> 根据《金字塔原理》的理论，有效的沟通应当遵循逻辑结构，从最重要的观点出发，逐步展开细节。在撰写关于蓝牙耳机的广告文案时，我们可以应用这一原理。以下是三条根据《金字塔原理》理论生成的蓝牙耳机广告文案，以及它们符合该理论的原因：
>
> 1. **主题明确的开头**："重塑无线音乐体验 - 我们的蓝牙耳机为您带来前所未有的自由和纯净音质。"这句开头直接提出了产品的核心价值，即提供自由和高品质的音乐体验，符合《金字塔原理》中强调的清晰和具体的沟通方式。
> 2. **逻辑分层的展开**："享受无拘无束的音乐 - 我们的耳机具备长达24小时的电池续航，配合快速充电技术，确保您的音乐不间断。高级降噪功能让您即使在嘈杂环境中也能沉浸在音乐世界。"这段文案先阐述了耳机的续航能力，然后介绍了降噪功能，逐步展开产品特点，体现了《金字塔原理》中的逻辑层级结构。
> 3. **以结论为导向的结尾**："随时随地，只为纯粹音质 - 我们的蓝牙耳机采用最新技术，保证每一次聆听都是一次完美的音乐之旅。"这句文案以强调产品的终极目标——提供纯粹的音质体验——来结束，符合《金字塔原理》中建议的以结论作为信息沟通的核心。
>
> 每条文案都遵循了《金字塔原理》中的逻辑结构，从最关键的观点开始，逐步展开具体的产品特点，最后以强调产品价值的结论结束，确保信息传达清晰、有逻辑。

图 3-39 ChatGPT 给出有专业性理论支撑的文案

3.2.10　拓宽思维广度

扫码看教学视频

如果用户需要用ChatGPT来生成创意项目及策划类的方案，可以在提示词的末尾加上"What are some alternative perspectives（有哪些可以考虑的角度）"，这个指令可以拓宽ChatGPT模型的思维广度。下面将举例介绍具体的操作方法。

步骤01 在ChatGPT的输入框中输入"长期锻炼有什么好处？What are some alternative perspectives？"如图3-40所示。

图3-40　在输入框中输入提示词

步骤02 按【Enter】键确认，ChatGPT会给出相应的回复，如图3-41所示。

ChatGPT

长期锻炼，即持续进行体育锻炼，对身体和心理健康有多方面的益处。以下是一些主要好处，以及来自不同视角的替代观点：

长期锻炼的好处

1. **提高心肺功能**：持续的有氧运动，如跑步和游泳，能增强心脏和肺部的功能。
2. **增强肌肉和骨骼**：重量训练和有针对性的运动可以增强肌肉和骨骼，预防骨质疏松。
3. **控制体重**：定期锻炼有助于燃烧卡路里，控制体重。
4. **改善心理健康**：运动可以释放内啡肽，改善情绪，减少抑郁和焦虑的风险。
5. **提高免疫力**：规律的身体活动有助于增强免疫系统，减少生病的机率。
6. **提高睡眠质量**：经常锻炼的人通常睡眠更深，更容易入睡。

替代观点和注意事项

1. **过度锻炼的风险**：长时间过度锻炼可能导致身体疲劳、免疫力下降，甚至运动损伤。
2. **个体差异**：不同的人对锻炼的反应不同，一些人可能无法从中获得相同的好处。
3. **生活平衡**：需要在锻炼和其他生活方面（如工作、社交）之间找到平衡。
4. **心理压力**：对于一些人来说，长期维持运动计划可能会造成心理压力，尤其是如果他们感觉到必须达到某种标准或目标。
5. **健康状况限制**：某些健康问题可能限制个人进行某些类型的锻炼。

总的来说，长期锻炼对大多数人来说是有益的，但需要根据个人的健康状况和能力来适当调整锻炼强度和频率。

图3-41　ChatGPT会给出相应的回复

第 4 章　高效提问：让 ChatGPT 生成优质的文案

在写作文案时，为了使文案的整体价值最大化，可以拆分各个结构分别进行拟写和润色，这有助于提高文案的清晰度、吸引力和说服力，从而实现高效提问生成优质文案的目的。本章将介绍运用 ChatGPT 生成优质的文案内容的方法。

4.1　生成 AI 标题文案

　　ChatGPT 生成标题文案需要我们给出相应的提示词，给予 ChatGPT 一定的提示，越是清晰、具体的提示词，越能够获得我们所期待的答案。本节将介绍运用 ChatGPT 生成不同类型的标题文案的操作方法。

4.1.1　悬念式标题文案

　　悬念式标题文案是一种标题文案类型，具体指在标题中设置一个问题或挑战，以引起受众的好奇心和兴趣，促使他们阅读文章。

扫码看教学视频

用户可以在 ChatGPT 中输入提示词，以引导 ChatGPT 生成悬念式标题文案。下面将举例介绍具体的操作方法。

　　步骤01 首先添加具体的描述，如在 ChatGPT 的输入框中输入"提供以美食为主题的悬念式标题文案"，如图 4-1 所示。

图 4-1　输入相应的提示词描述

　　步骤02 按【Enter】键确认，ChatGPT 即可根据要求生成悬念式标题文案，如图 4-2 所示。

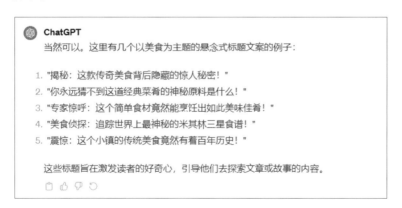

图 4-2　ChatGPT 生成的悬念式标题文案

4.1.2　对比式标题文案

　　对比式标题文案是一种在标题中加入对比的标题文案类型，通过制造不同事物或事件之间的差异化，可以让受众快速了解文章的

扫码看教学视频

主要内容。下面将举例介绍引导 ChatGPT 生成对比式标题文案的操作方法。

步骤 01 在 ChatGPT 的输入框中输入具体的提示词描述，如“为一篇关于选择电脑配置的今日头条文章提供对比式标题文案”，按【Enter】键确认，ChatGPT 即可根据要求生成对比式标题文案，如图 4-3 所示。

ChatGPT

为了撰写一篇关于选择电脑配置的文章，您可以考虑以下几种对比式的标题文案：

1. "性能与价格：如何选择最适合您的电脑配置"
2. "入门级与高端配置：电脑购买指南全解析"
3. "办公还是游戏？电脑配置选择的关键因素"
4. "速度与稳定性：电脑配置的决定性对比"
5. "经济实用还是技术尖端？电脑配置全面对比"
6. "从处理器到显卡：电脑配置全面比较指南"
7. "最新电脑配置趋势：您需要知道的一切"
8. "性能怪兽还是价格杀手？电脑配置终极选择指南"
9. "简单办公还是专业设计？电脑配置个性化指导"
10. "存储与速度：电脑配置选择的关键考量点"

这些标题旨在吸引读者的注意，同时突出文章的主要内容——电脑配置的选择与比较。您可以根据文章的具体内容和目标读者群来调整和优化这些建议。

图 4-3　ChatGPT 生成的对比式标题文案

步骤 02 也可以在输入框中输入“为一个拍摄动物的纪录片提供对比式标题文案”，引导 ChatGPT 生成适合纪录片的对比式标题文案，如图 4-4 所示。

ChatGPT

为一个关注拍摄动物的纪录片提供吸引人的对比式标题，可以帮助吸引观众的注意力。以下是一些创意标题建议：

1. "野生与家养：动物世界的两面"
2. "猛兽与温顺：动物王国的惊人对比"
3. "自然中的战士与和平使者：动物纪录片探秘"
4. "草原上的速度与森林中的潜行：动物生存的艺术"
5. "高山之巅与深海之谜：探索动物界的极端"
6. "幼崽成长记：从无助到独立的动物生活"
7. "捕食者与被捕食者：自然界的残酷与美丽"
8. "白昼与黑夜：动物行为的昼夜对比"
9. "孤独生活者与群居精灵：动物社会的多样性"
10. "寒冷严冬与酷热夏日：动物如何适应极端气候"

这些标题不仅揭示了动物世界的多样性和复杂性，而且还激发了人们对动物行为和生态的好奇心。您可以根据纪录片的具体内容和主题来选择或修改这些建议。

图 4-4　ChatGPT 生成的适合纪录片的对比式标题文案

4.1.3 隐喻式标题文案

隐喻式标题文案是指在标题中融入隐喻手法的标题文案类型，能够生动形象地吸引读者的眼球，并使其产生情感共鸣。运用ChatGPT能够快速生成隐喻式标题文案，具体的操作方法如下。

扫码看教学视频

步骤01 在ChatGPT中输入具体的需求，如"为酒店的开业活动宣传海报提供隐喻式标题文案"，按【Enter】键确认，ChatGPT的回答如图4-5所示。

> ⑤ **ChatGPT**
> 为酒店开业活动设计一则富有隐喻的标题文案，可以采用以下建议：
>
> 1. **"探索奢华的新领域，您的梦想之旅从这里启程"** - 这个标题暗示了酒店不仅仅是一个住宿的地方，而是一次全新的奢侈体验和探索之旅的起点。
> 2. **"在星光下重现经典，我们的故事即将开篇"** - 这个标题利用星光作为隐喻，象征着高雅和梦幻，同时也预示着酒店即将展开的精彩故事。
> 3. **"遇见未知的精彩，每一步都是新发现"** - 这个标题传达出酒店提供的不仅是住宿服务，更是一系列新奇和惊喜的体验。
> 4. **"在奢华的怀抱中，找到心之所向"** - 通过将酒店比作一个温暖的怀抱，这个标题传递了舒适和安心的感觉，同时也暗示了酒店可以满足客人的所有愿望。
> 5. **"每一次入住，都是一段传奇的开始"** - 这个标题强调了酒店不仅仅是一个住宿的地方，每一次入住都是一段独特而难忘的旅程的开始。
>
> 这些标题都是用丰富的隐喻和想象，旨在吸引顾客的注意，同时传达出酒店独特的品牌理念和服务特色。
>
> ⎘ 👍 👎 ↻

图 4-5　ChatGPT 生成的隐喻式标题文案

步骤02 若是觉得ChatGPT生成的回复过于大众化，想要更有文艺感的标题文案，则可以在ChatGPT的输入框中继续输入"更文艺、小众一点"，按【Enter】键确认，ChatGPT将生成更有文艺感的回答，如图4-6所示。

> ⑤ **ChatGPT**
> 为了更加文艺和小众，您可以考虑以下风格的标题文案：
>
> 1. **"月光下的秘密花园，静待吟游诗人的归来"** - 这个标题充满了浪漫和神秘感，暗示着酒店是一个只有少数人知道的美丽世界。
> 2. **"在时光的缝隙里，寻找遗失的旖旎篇章"** - 这个标题带有一种复古和怀旧的味道，吸引那些渴望探索和体验的客人。
> 3. **"静谧星空下，织梦者的避风港"** - 这个标题给人一种安静和宁谧的感觉，适合那些寻找心灵休憩之地的客人。
> 4. **"在未知的角落，发现诗与远方"** - 这个标题融合了探险和文学的元素，适合那些热爱艺术和文化的游客。
> 5. **"晨光中的一缕茶香，唤醒沉睡的故事"** - 通过描绘一个具有东方韵味的宁静场景，这个标题吸引那些寻找独特文化体验的客人。
>
> 这些标题都运用了诗意和隐喻，旨在吸引对文艺和独特体验感兴趣的小众群体。
>
> ⎘ 👍 👎 ↻

图 4-6　ChatGPT 生成更有文艺感的回答

4.1.4 数字式标题文案

数字式标题文案，顾名思义是一种在标题中融入数字的标题文案。这类标题文案具有数字的优势，能够更直观、有说服力地展现文章或视频的核心内容，满足人们快节奏、泛娱乐的需求。在 ChatGPT 中输入合适的提示词，也能够获得数字式标题文案参考，具体的操作方法如下。

步骤 01 首先在 ChatGPT 中输入对话前提，如"数字式标题文案是什么"，按【Enter】键确认，生成的回复如图 4-7 所示。

> **ChatGPT**
>
> 数字式标题文案，或称数字标题法，是一种撰写标题的方式，其中数字被用于吸引读者的注意力。这种方法通常在在线文章、博客、广告和新闻报道中使用，因为数字能够提供具体的信息，使得内容看起来更加具体和易于消化。例如，"5种方法改善你的睡眠质量"或"10个简单步骤学习新语言"。数字式标题通过提供明确的期望（如步骤数量、技巧或建议）来吸引读者，使他们觉得内容是实用且容易理解的。

图 4-7　在 ChatGPT 中输入对话前提的回复

步骤 02 在同一聊天窗口中输入"提供 10 个关于宣传数码相机产品的数字式标题文案"，得到的回复如图 4-8 所示。

> **ChatGPT**
>
> 当然，这里有10个关于宣传数码相机产品的数字式标题文案示例：
>
> 1. "7个理由，告诉你为什么这款数码相机是摄影师的首选"
> 2. "5大创新功能，让这款数码相机领先市场"
> 3. "3个简单步骤，轻松掌握我们的高级数码相机"
> 4. "10种场景下，这款数码相机如何拍出完美照片"
> 5. "6个专业摄影师分享使用我们数码相机的心得"
> 6. "比较指南：为什么这款数码相机是2024年的最佳选择"
> 7. "8个隐藏功能，让你的数码相机拍摄更上一层楼"
> 8. "4种创意方式使用我们的数码相机记录你的日常"
> 9. "从入门到高手：5个级别的数码相机使用技巧"
> 10. "数码相机购买指南：9个要点帮你做出最佳选择"
>
> 这些标题旨在突出产品的特点、实用性和用户评价，同时提供实用信息，以吸引潜在消费者的注意力。

图 4-8　输入具体的提示词后得到的回复

步骤 03 还可以给 ChatGPT 提供数字式标题文案范例，让其模仿范例来生成数字式标题文案，如输入"抖音短视频中的数字式标题文案风格通常为'30岁之前，你应该明白这些道理''10套适合高个子女生穿的裙子，你更喜欢哪套呢''80%

的人不知道抖音这个功能''9个方法让你成为P图高手'。请你模仿上述风格，为传授时间管理技巧的短视频提供标题文案参考"，得到的回复如图4-9所示。

> **ChatGPT**
> 基于您提供的抖音短视频中的数字式标题文案风格，以下是一些针对传授时间管理技巧的短视频的标题文案参考：
>
> 1. "5个时间管理小技巧，让你的一天多出3小时"
> 2. "90%的高效人士都在用这4种时间管理法"
> 3. "3步走，教你如何像CEO一样管理时间"
> 4. "7个简单习惯，让你的时间管理能力翻倍"
> 5. "2分钟学会，这个时间管理小技巧改变你的生活"
> 6. "8种方法，打造你的超级生产力时间表"
> 7. "1个小改变，让你的每天更有成效"
> 8. "60秒了解，如何有效规划你的一周"
> 9. "这5个时间管理秘诀，80%的成功人士不会告诉你"
> 10. "避免拖延的4个实用技巧，提高工作效率"
>
> 这些标题通过提出具体的数字和明确的效益，旨在吸引观众的注意力，并激发他们观看视频的兴趣。

图4-9 提供数字式标题文案范例后得到的回复

4.1.5 借势式标题文案

扫码看教学视频

借势式标题文案主要是指借热点事件、热点人物、热点元素的热度来创作的标题文案。用户在 ChatGPT 中输入恰当的提示词，能够快速获得借势式标题文案参考。下面将举例介绍使用 ChatGPT 生成借势式标题文案的方法。

步骤01 在 ChatGPT 中输入对话前提和具体的需求，如"借势式标题文案主要是指借热点事件、热点人物、热点元素的热度来创作标题的文案。请提供几种借势式标题文案"，可以得到借势式标题文案的模板，如图4-10所示。

> **ChatGPT**
> 借势式标题文案，即是利用热点事件、知名人物或流行元素来吸引注意力的一种文案。这种方式通常结合当前流行的社会事件、公众人物或文化趋势，以提高信息的吸引力和共鸣。以下是一些借势式标题文案的例子：
>
> 1. **技术突破背景下的新产品发布**："从梦想到现实：揭秘我们的下一代AI智能助手，灵感源自[最近的科技大会或科技成就]！"
> 2. **体育赛事相关产品推广**："冲刺！在[大型体育赛事]期间，带上我们的高性能运动装备，与冠军一同破纪录！"
> 3. **流行文化事件挂钩的促销活动**："抓住流行的尾巴：[流行电影/电视剧]主题款产品限时折扣，与你的偶像一起潮流前线！"

图4-10

> 4. **环保议题下的品牌推广**："为地球献上你的爱：在[世界环境日]加入我们，选择可持续发展的生活方式！"
> 5. **节日主题的销售活动**："[传统节日]购物狂欢节：借着节日的喜悦，享受我们专为你准备的特别优惠！"
>
> 这些标题通过结合热点事件或元素，不仅增加了文案的相关性和时效性，而且还能与目标受众建立更强的情感联系。

图 4-10　ChatGPT 生成借势式标题文案的模板

步骤 02 举例具体的热点，让 ChatGPT 结合热点生成标题文案，如输入"春节临近，请结合春节的热度，提供适合短视频的标题文案参考"，按【Enter】键确认，得到的回复如图 4-11 所示。

> **ChatGPT**
> 春节是中国最重要的传统节日之一，具有浓厚的文化内涵和情感价值，非常适合用于创作吸引人的短视频标题。结合春节的热度，以下是一些适合短视频的标题文案参考：
>
> 1. **"回家的路：一段温馨的春节归途"** - 记录返乡过程中的温馨瞬间，展现家人团聚的喜悦。
> 2. **"年夜饭大比拼：家家户户的春节美食秀"** - 展示各家的年夜饭特色菜肴，让观众感受到传统美食的魅力。
> 3. **"春节里的老北京：穿越时空的年味体验"** - 结合传统元素和现代影像技术，展现古都北京的春节风情。
> 4. **"年货大采购：春节前的购物狂欢"** - 记录市场上的年货购买热潮，展示节日的繁华与喜庆。
> 5. **"红包大作战：春节的暖心时刻"** - 通过搞笑或温馨的手法，展现春节期间家庭成员之间发红包的有趣场景。
> 6. **"传统手艺迎新春：手工艺人的春节故事"** - 聚焦传统手工艺，如剪纸、窗花制作等，展现手艺人对传统文化的传承。
> 7. **"炫彩烟花，点亮新春夜空"** - 捕捉春节夜空中烟花的壮观景象，表达节日的喜悦与热烈。
> 8. **"春晚背后：幕后英雄的故事"** - 揭秘春节联欢晚会幕后的制作过程，展示节目制作团队的辛勤工作。
>
> 这些标题不仅能吸引用户的注意力，还能激发观众对春节文化的兴趣和共鸣。

图 4-11　举例具体的热点后得到的回复

4.1.6　观点式标题文案

观点式标题文案是指在标题中融入表达者观点的文案。这类标题文案要求观点鲜明、独树一帜，能够迅速吸引受众的关注。观点式标题文案常作为说理性强的文章或短视频的标题。用户运用 ChatGPT 也能够快速获得观点式标题文案参考，具体的生成方式如下。

扫码看教学视频

步骤 01 在 ChatGPT 中输入对话前提，如"观点式标题文案是什么"，按

【Enter】键确认，即可得到关于这类文案的释义，如图 4-12 所示。

ChatGPT
"观点式标题文案"（Opinion-style headline copywriting）是指在标题中明确表达个人观点或立场的一种文案写作方式。这种方式通常用于吸引读者的注意，通过表达鲜明的观点或态度来激发读者的好奇心或情感共鸣。观点式标题常见于评论文章、博客、社交媒体帖子以及一些新闻报道中，特别是在需要强调作者个人看法或立场的情况下。例如："为什么我认为智能手机正在毁掉我们的生活"或"电动汽车：未来的必然趋势"。这类标题直接、有力，能够迅速传达内容的主旨和作者的观点。

图 4-12　ChatGPT 生成观点式标题文案的释义

步骤 02 继续输入具体的需求，如"请为《老人与海》这本书提供观点式标题文案作为封面宣传语"，得到的答案如图 4-13 所示。

ChatGPT
《老人与海》的观点式标题文案作为封面宣传语可以是："勇气与坚持：海明威眼中的生存之战"。这个标题捕捉了这部经典作品的核心主题，即一个老渔夫在大海上与巨大鱼类的搏斗，象征着人类在逆境中的勇气与坚持。同时，它也体现了作者海明威一贯的文学风格，强调人物的英雄主义和对生命挑战的坚韧不拔。

图 4-13　输入具体的需求后得到的答案

4.2　生成 AI 文案开头

文案的开头具有吸引受众观看兴趣的作用，好的标题文案影响着受众对是否观看文章或视频的判断，而好的文案开头则影响着受众是否能够看完文章或视频，因此创作者们对文案开头的创作也不能懈怠。

运用 ChatGPT 的文本生成功能，能够为创作者们提供创作文案开头的灵感。本节将举例介绍 ChatGPT 生成文案开头的具体方法。

4.2.1　点明主题式文案开头

扫码看教学视频

点明主题是指在开头就直接点明主题，即"开篇点题"。这类文案可以借开头引出文章的中心主题，让受众一目了然，并且能够给受众留下深刻的印象。

点明主题式文案开头在小说、营销软文、视频脚本中都可以应用。在 ChatGPT 中输入恰当的提示词，便可以获得点明主题式文案开头参考。下面将介绍两种在 ChatGPT 中输入提示词获得点明主题式文案开头的方法。

第 1 种方法是先让 ChatGPT 知道对话前提，然后输入需求进行提问，具体的操作方法如下。

步骤 01 在 ChatGPT 中输入"点明主题式文案开头是指在开头就直接点明主题的文案"，在 ChatGPT 中建立对话前提，如图 4-14 所示。

> **ChatGPT**
>
> "点明主题"是一种文案撰写技巧，它指的是在文案的开头部分直接明确表达主题或核心信息。这种方式有助于立即吸引读者的注意力，确保他们能够迅速理解文案的重点。
>
> 例如，如果一篇文案的目的是推广一款新的健康饮品，采用点明主题式开头的话，文案可能会这样开始："引领健康生活，尝试我们的全新天然饮品！"这种开头方式直截了当地传达了产品的主要卖点和文案的目的。
>
> 这种开头方式在各种类型的文案中都很常见，特别是在需要迅速吸引读者注意的情况下，如广告、营销邮件、社交媒体帖子等。通过直接点明主题，文案可以更有效地与目标受众沟通，确保他们在继续阅读之前就对文案的内容有了基本的了解。

图 4-14 在 ChatGPT 中建立对话前提

步骤 02 输入具体的需求，如"提供 5 个关于商品打折广告语的点明主题式文案开头示例"，便可以得到点明主题式文案开头参考，如图 4-15 所示。

> **ChatGPT**
>
> 当然，以下是 5 个关于商品打折广告语的点明主题式文案开头示例：
>
> 1. "限时折扣！今天购买，享受高达50%的独家优惠！"
> 2. "惊喜促销来袭！选购精选商品立享30%折扣！"
> 3. "打折季节开始了！挑选您的最爱，立刻省下更多！"
> 4. "周末特惠！本周末全场商品一律7折！"
> 5. "购物狂欢节！精品服饰，今日全场半价！"
>
> 这些开头直接明确了广告的主要内容——商品打折，同时具有吸引消费者注意并刺激购买欲望的效果。

图 4-15 得到点明主题式文案开头参考

扫码看教学视频

第 2 种方法是先提供给 ChatGPT 一个点明主题式文案开头示例，然后让其进行模仿，生成更多的点明主题式文案开头，具体的操作方法如下。

步骤 01 提供给 ChatGPT 一个示例，在输入框中输入"小说《局外人》中的开头写道'今天，妈妈死了。也许是在昨天，我搞不清……'，之后的内容都是围绕'我'的母亲去世来展开的。这样的开头简洁、直白，属于点明主题式文案开头"，按【Enter】键确认，ChatGPT 生成的回复如图 4-16 所示。

ChatGPT

《局外人》（"The Stranger" 或 "The Outsider"）是阿尔贝·加缪的杰作，其开篇的句子"今天，妈妈死了。也许是在昨天，我搞不清……"（"Mother died today. Or maybe yesterday; I can't be sure."）已成为文学史上最著名的开头之一。这个开头简洁、直白，紧接着引入了主角对母亲去世的反应，从而设定了整个故事的基调。

这种开头方式是"点明主题式文案开头"的典型例子。它直接而明确地提出了故事的主题——主角对死亡的态度和对生活的疏离感。这不仅激起了读者的好奇心，也为整个小说奠定了基调。加缪通过这种开头方式，有效地传达了主角的冷漠与社会的隔离状态，这是整个小说的核心议题。

图 4-16　提供示例后 ChatGPT 生成的回复

步骤 02 输入需求，如"请模仿这种写法，提供一个小说开头"，可以得到适用于小说的点明主题式文案开头，如图 4-17 所示。可以看出，ChatGPT 模仿了示例并进行了拓展延伸，为我们提供了点明主题式文案开头参考。

ChatGPT

"今天，我丢掉了我的工作。或者是昨天，我已记不太清楚了……"，我坐在冷漠的城市公园长椅上，眼前的世界似乎与我格格不入。这个开头揭示了主角面对生活重大变故的冷漠态度，同时也暗示了他与周围环境的疏离感。这种开头方式立刻设定了故事的基调，引起读者对主角命运的好奇以及他将如何应对这一生活转折的兴趣。

图 4-17　得到适用于小说的点明主题式文案开头

步骤 03 还可以赋予 ChatGPT 一定的身份，再让其模仿，如输入"假设你是一个推荐书籍的短视频博主，请模仿上述写法，提供一个适合作为短视频开头的文案"，可以得到适用于视频的点明主题式文案开头，如 4-18 所示。

ChatGPT

"今天，我要和大家分享一个令人惊叹的故事。或许是昨天，我才发现它的魅力……"，我拿着那本引人入胜的小说，坐在我温馨的阅读角落。画面轻轻地聚焦在我充满期待的脸上和手中的书本。这个开头不仅引发观众对即将分享的书籍的好奇心，而且建立了一种亲密而友好的气氛，让观众感到我就像一个老朋友，即将向他们介绍一本不可错过的好书。接下来，我会激动地讲述这本书的独特之处和它给我的灵感。

图 4-18　得到适用于短视频的点明主题式文案开头

4.2.2　引经据典式文案开头

引经据典式文案开头是指引用名人名言、文学典籍、典故等作为开头揭示主题。这类文案能够在点明文案主题的同时，增加文案

扫码看教学视频

内容的文化底蕴，提升文案水平，使受众眼前一亮。

运用ChatGPT生成引经据典式文案开头可以在提示词中说明引用什么名句，也可以直接让其生成，不限制引用的内容。下面将举例介绍运用 ChatGPT 生成引经据典式文案开头的操作方法。

步骤 01 在ChatGPT的输入框中输入"《论语》中有哪些名句是关于学习的"，生成的回复如图 4-19 所示。

ChatGPT
《论语》是儒家经典之一，其中包含了很多关于学习和教育的名言。这里列举一些著名的关于学习的名句：

1. **学而时习之，不亦说乎？** - "学习了然后不断地实践，这难道不是快乐吗？"这句话强调了学习与实践相结合的重要性。
2. **三人行，必有我师焉。择其善者而从之，其不善者而改之。** - "在任何三个人行走中，总能找到我的老师。选择他们的好的方面去学习，他们的不好的方面去改正。"这句话说明了从身边每个人身上都能学到东西。
3. **知之者不如好之者，好之者不如乐之者。** - "知道的人不如喜欢它的人，喜欢它的人不如从中得到乐趣的人。"这句话讲述了对学习的态度，从了解到喜爱再到享受学习过程。
4. **温故而知新，可以为师矣。** - "复习旧知识而能理解新知识，这样的人可以成为老师了。"这句话强调了复习和学习新知识之间的联系。
5. **吾日三省吾身。** - "我每天三次反省自己。"这句话强调了自我反省在学习过程中的重要性。

这些名言不仅反映了儒家的教育思想，而且至今仍对人们的学习和成长有着深远的影响。

图 4-19　输入提示词后 ChatGPT 生成的回复

步骤 02 根据ChatGPT的回复，继续输入"请引用'学而时习之，不亦说乎？'提供一个适合短视频的文案开头"，生成的引经据典式文案开头如图 4-20 所示。

ChatGPT
当然，这里提供一个适合短视频的文案开头，以《论语》中的"学而时习之，不亦说乎？"为引用：

在这个快速变化的时代，孔子的话"学而时习之，不亦说乎？"提醒着我们，学习不仅是一种责任，更是一种乐趣。无论我们身处何地，年龄多大，学习永远不会停止。让我们一起探索，怎样让学习成为生活中不可或缺的一部分，让每一天都充满新的发现和成长。

#不断学习 #生活乐趣 #发现新世界

这样的文案可以作为短视频的开头，引导观众进入学习的主题，激发他们对终身学习的兴趣。

图 4-20　ChatGPT 生成的引经据典式文案开头

4.2.3　创设情境式文案开头

扫码看教学视频

创设情境式文案开头是指在开头虚拟一个场景或提出一个问题，引起受众产生画面感或进行思考。这类文案可以套用固定的句式：如"试想一下，我们正处于 ××（地方），正经历着 ××（事件），你会 ××（行动）""你们也曾经历过 ×××（事件）吗"等。

运用 ChatGPT 生成创设情境式文案开头，可以套用句式进行提问，具体的操作方法如下。

步骤01 在 ChatGPT 的输入框中输入对话前提，如输入"创设情境式文案开头是指在开头虚拟一个场景或提出一个问题，引起受众产生画面感或进行思考。例如，试想一下，我们穿越到了 2050 年，遇到了未来的自己，你会对未来的自己说什么？"生成的回复如图 4-21 所示。

> **ChatGPT**
>
> 创设情境式文案的开头，确实是一种非常有效的方法来吸引读者的注意力。通过设置一个场景或提出一个引人入胜的问题，这种方式能够立即激发读者的想象力和好奇心。例如，您提到的"试想一下，我们穿越到了2050年，遇到了未来的自己，你会对未来的自己说什么？"这个开头就非常好地展示了这一点。它不仅仅是提出了一个假设的情景，还引发了读者对未来、个人成长和时间流逝等深刻主题的思考。
>
> 这种技巧在广告、故事叙述、演讲甚至日常对话中都非常有用。它能够迅速吸引听众或读者的注意，让他们感到被包含在一个故事中，从而更加专注于接下来的内容。

图 4-21　输入对话前提后 ChatGPT 生成的回复

步骤02 输入具体的需求，如输入"请提供一个适合悬疑小说的创设情境式文案开头"，ChatGPT 会生成创设情境式文案开头，如图 4-22 所示。

> **ChatGPT**
>
> 当然，适用于悬疑小说的情境式文案开头通常需要营造一种神秘、紧张的气氛，同时激发读者的好奇心。下面是一个这样的例子：
>
> 夜色沉沉，月光透过稀疏的云层微弱地照在老宅的窗户上，显得格外幽静。突然，一道尖锐的尖叫声划破了夜的平静，随之而来的是沉重的脚步声和一阵急促的敲门声。你站在这栋历史悠久的宅子前，心中涌起一股不祥的预感。门后隐藏着的是什么？是一个简单的误会，还是一个深埋多年的秘密即将浮出水面？这个夜晚，将会改变一切。
>
> 这个开头设定了一个典型的悬疑故事背景——一个老宅，一声尖叫，和一连串的神秘事件。它立即引起读者的好奇心，想要知道接下来会发生什么。同时，这种开头也为故事的发展留下了广阔的空间，让读者对可能的情节转折和角色之间的互动产生期待。

图 4-22　ChatGPT 生成的创设情境式文案开头

4.2.4　设置问题式文案开头

扫码看教学视频

设置问题式文案开头，顾名思义就是指在开头向受众提出问题。这类文案要求提出的问题是面向目标人群、极具吸引力的，或者能够启发受众，或者给予受众选择，或者扩宽受众的思维边界。因此，在运用 ChatGPT 生成设置问题式文案开头时，需认真编写提示词。

下面将举例介绍运用 ChatGPT 生成设置问题式文案开头的操作方法。

步骤01 在 ChatGPT 的输入框中输入"解释 Study 这个单词，并且给我 5 个常用句子"，让 ChatGPT 生成对话提示，如图 4-23 所示。

> **ChatGPT**
>
> "Study"这个单词可以用作名词和动词，具有多种含义。
>
> 1. 作为名词，它通常指学习或研究的行为，或指用于学习的房间（例如书房）。
> 2. 作为动词，它意味着学习或仔细审查某事物。
>
> 下面是使用 "study" 的五个常用句子：
>
> 1. "I need to study for my exams next week."（我需要为下周的考试学习。）
> 2. "She spends hours in her study reading and writing."（她在书房里花了几个小时阅读和写作。）
> 3. "We conducted a detailed study of the new market trends."（我们对新的市场趋势进行了详细研究。）
> 4. "He loves to study the stars and planets."（他喜欢研究星星和行星。）
> 5. "The university offers many opportunities for advanced study."（这所大学提供了许多进行高级研究的机会。）

图 4-23　让 ChatGPT 生成对话提示

步骤02 根据 ChatGPT 的回复输入具体的需求，如"你是一个英语老师，课堂内容是讲解 Study 这个单词。现在你需要结合 Study 的解释来写一个课前导入，要求用设置问题的方式"，ChatGPT 生成的设置问题式文案开头如图 4-24 所示。

> **ChatGPT**
>
> 当然，我会模拟一个英语课堂的课前导入，结合 "study" 这个单词的解释，并通过提出问题来引起学生的兴趣和参与。这样的导入旨在激发学生的思考并为接下来的课程内容做准备。
>
> **课前导入：**
>
> 大家好，欢迎回到英语课堂。今天我们将探讨一个我们每天都会用到的单词——"study"。但在我们深入学习之前，我想先问大家几个问题，让我们一起思考一下这个单词的不同用法。

1. 当我说"我需要去study"，我可能是指什么？你认为这里的"study"是作为动词还是名词？
2. 你能想到除了学习之外，"study"还有哪些意思吗？
3. 如果我说"在study里有很多书"，这里的"study"是指什么？
4. 你是否曾经参与过任何形式的study？比如一个科学实验或市场研究？这里的study又是什么意思？
5. 最后，试着用"study"造一个句子，可以是关于学习的，也可以是关于其他任何与"study"有关的事物。

通过这些问题，我们不仅会复习"study"这个单词的基本用法，还会探索它的一些更深层次的含义。让我们一起发现"study"的世界吧！

图 4-24　ChatGPT 生成的设置问题式文案开头

4.3　生成 AI 内容布局

为了达到引人入胜的目的，文案的内容有许多种布局方式，包括悬念式、平行式、层进式及镜头剪接式等，这些不同方式的内容布局都可以在 ChatGPT 中生成答案，只需我们提供恰当的提示词即可。本节将介绍 ChatGPT 生成内容布局的方法。

4.3.1　悬念式内容布局

悬念式内容布局是指在讲述文案内容时，不会完整地讲述全部事件，而是在情节发展的关键之处分开，给受众留下悬念，以此来调动受众的观看兴趣。这类内容布局方式在软文和短视频脚本中比较常见，能够极大地吸引受众的关注和阅读兴趣。

扫码看教学视频

在 ChatGPT 中生成悬念式内容布局，可以先提供一个示例，然后让其模仿示例来生成答案，具体的操作方法如下。

步骤 01 在 ChatGPT 的输入框中输入"请提供一篇悬念式文章范例，200 字以内"，ChatGPT 生成的回复如图 4-25 所示。

 ChatGPT
当然可以。以下是一个200字以内的悬念式文章范例：

在雾蒙蒙的清晨，一座古老的城堡显得格外阴森。城堡的新主人，约翰，刚刚搬进来不久，却已经感到不安。每当夜幕降临，奇怪的声音就在走廊回响，仿佛有什么东西在拖动。一天晚上，约翰决定探查这些声音的来源。他紧握着手电筒，慢慢沿着长长的走廊

图 4-25

走去。声音越来越大，直到他站在一扇古老的门前。他深吸了一口气，缓缓打开了门。门后的房间里，一切都静悄悄的，除了中央的一张桌子。桌子上放着一个尘封的日记，似乎隐藏着城堡的秘密。约翰颤抖着手，正要翻开日记，突然，一个阴森的声音在他耳边响起……

这个故事通过描述神秘的环境和不寻常的声音，以及主人公的好奇和恐惧，成功地营造了一种悬念氛围。读者会想知道那些声音的来源，以及日记中隐藏的秘密。

图 4-25　ChatGPT 生成的悬念式文章示例

步骤 02 继续输入具体的需求，如"模仿悬念式文章的写法，提供一篇关于平板电脑新品发布的文章，字数在 200 字以内"，ChatGPT 生成的悬念式内容布局如图 4-26 所示。

ChatGPT
在光滑的舞台上，一盏聚光灯照耀着一块神秘的黑布。全球数百万观众的目光都聚焦在这个小小的舞台上。这是科技巨头即将发布的最新款平板电脑，传闻它将彻底改变我们的数字生活。倒计时开始，气氛紧张到几乎可以切割。随着最后一秒的到来，黑布被缓缓揭开，但就在这时，直播画面突然中断。观众们屏息以待，疑惑与期待交织。几秒后，画面恢复，一台超薄、光泽炫目的平板电脑显现在众人眼前。它的设计前所未见，功能强大到令人难以置信。但最令人震惊的是，这台平板电脑竟然……（画面再次中断）。

这篇文章利用了悬念式写作的技巧，通过神秘的布景、紧张的倒计时和意想不到的直播中断，成功地营造了一种充满期待和好奇的氛围，让读者渴望知道这款平板电脑的独特之处。

图 4-26　ChatGPT 生成的悬念式内容布局

4.3.2　平行式内容布局

扫码看教学视频

平行式内容布局是指平叙其事，讲述一个事件的多个方面，或者多个件事件一起讲述的结构形式。在这类结构中，所叙述的事件没有高低、先后之分，属于平行并列的关系。下面将举例介绍运用 ChatGPT 生成平行式内容布局的方法。

步骤 01 在 ChatGPT 的输入框中输入对话前提，如"你是一个正方辩手，请针对你所支持的观点'苦难不值得被歌颂'，提出论点"，生成的回复如图 4-27 所示。

ChatGPT
作为正方辩手支持观点"苦难不值得被歌颂"，可以从以下几个论点出发：

1. **苦难的本质是负面的**：苦难通常伴随着痛苦、失落和伤害，这些感受本质上是人类避免的。将苦难歌颂可能会误导人们认为这些负面经历是值得追求的，而忽视了苦难所带来的真正痛苦和损失。

2. **歌颂苦难可能导致错误的价值观**：如果社会开始歌颂苦难，可能会导致人们错误地认为只有通过痛苦和困难能获得认可和尊重。这可能导致一种不健康的心态，人们刻意追求苦难，而不是寻求积极的生活方式和解决问题的方法。

3. **忽视苦难的解决**：过分强调苦难的"美德"可能导致社会和个人忽视解决苦难的重要性。这种态度可能阻碍对贫困、疾病和不公等问题的有效解决，因为它们被视为一种可以接受甚至值得赞扬的状态。

4. **苦难与成长的关系被夸大**：虽然有时候苦难可以促进个人成长和强大，但这并不是普遍现象。很多人在经历苦难后，并没有变得更强，反而可能留下了长期的心理创伤。因此，认为苦难自动导致正面结果是一种误解。

5. **对苦难者的不尊重**：歌颂苦难可能会无意中忽视那些真正经历苦难的人的感受。这种态度可能会使遭受苦难的人感到他们的痛苦被浪漫化或被不当地利用，从而感到被边缘化或不被理解。

综上所述，正方可以围绕这些论点，展开论证"苦难不值得被歌颂"的观点。

图 4-27　输入对话前提后生成的回复

步骤 02 继续输入提示词，如"根据上述观点进行举例论证，并生成完整的论文"，可以得到平行式内容布局，如图 4-28 所示。

 ChatGPT
为了构建一篇完整的论文，我们可以根据上述提出的论点进行举例论证。以下是论文的大纲和部分内容示例：

标题: 苦难不值得被歌颂：一种对生活价值观的重新审视

摘要:
本文旨在探讨并阐述为何苦难不应被歌颂的观点。通过分析苦难的本质，探讨社会对苦难的态度及其影响，本文提出了一系列论点以及具体例证，旨在展示过分美化苦难可能带来的不良后果。

引言:
介绍对苦难的普遍看法，阐述研究的重要性和目的。

正文:

1. **苦难的本质是负面的**
   - 例证：研究表明长期的心理压力和苦难会导致抑郁症、焦虑症等心理健康问题。
   - 分析：苦难带来的心理创伤和健康问题表明，它本质上是应该避免的。
2. **歌颂苦难可能导致错误的价值观**
   - 例证：历史上的某些文化中，如斯巴达社会，过分强调苦难和痛苦的正面作用，导致了残酷和不人道的社会实践。
   - 分析：这种过分强调苦难的文化导致了对人的基本尊严和价值的忽视。

图 4-28

3. **忽视苦难的解决**
   - 例证：在一些贫穷国家，贫困和疾病被视为不可避免，导致缺乏解决这些问题的积极行动。
   - 分析：将苦难视为常态可能会削弱对改善人类生活状况的努力。
4. **苦难与成长的关系被夸大**
   - 例证：许多战争退伍军人在经历了战争的苦难后，并没有变得更强大，而是遭受了长期的心理创伤。
   - 分析：这表明并非所有苦难都会带来积极的个人成长。
5. **对苦难者的不尊重**
   - 例证：在媒体和流行文化中，苦难经历常被浪漫化，忽视了那些真正遭受苦难的人的真实感受。
   - 分析：这种浪漫化的态度可能会使苦难者感到被误解和边缘化。

结论：

总结论文的主要论点，强调对苦难的理性看待的重要性，并呼吁社会从更积极的角度来解决和预防苦难。

参考文献：

列出用于论证和分析的所有参考文献。

请注意，这只是一个论文的初步框架和部分内容示例。在撰写完整的论文时，每个论点都需要更深入的研究和详细的论证，同时每个例证都应有相应的参考来源。此外，论文的写作还应遵循学术规范，确保论证的逻辑性和论据的有效性。

图 4-28　生成的平行式内容布局

从 ChatGPT 生成的平行式内容布局来看，文中的"第一段""第二段"就属于平行关系，同样作为论据来论证"苦难不值得被歌颂"这一论点。

4.3.3　层进式内容布局

扫码看教学视频

层进式内容布局是指所描述的事件、话题等具有环环相扣、循序渐进关系的结构形式，这种结构形式非常适合需要逐步展开和详细解释的复杂主题，它有助于读者更好地理解和吸收信息。运用 ChatGPT 生成层进式内容布局，可以让 ChatGPT 先生成一个故事开头，然后按照故事发展顺利进行续写，具体的操作方法如下。

步骤01 先让 ChatGPT 生成一个故事开头，如输入"提供一个言情小说的开头"，ChatGPT 生成的回复如图 4-29 所示。

步骤02 让 ChatGPT 根据事情发展的先后顺序，续写故事，如输入"请按事情发展的先后顺序续写这个故事"，便可以得到层进式内容布局，如图 4-30 所示。

ChatGPT

在一个阳光明媚的午后，一位年轻女士走进了小镇上的一家古老书店。她优雅地在书架间寻找着，直到被一本特别的旧书吸引。就在此时，书店的年轻老板出现了，他温柔地向她问好，提出帮助。两人目光相交，一个关于文学和梦想的对话就此开始，预示着他们之间即将展开的不平凡故事。

图 4-29　ChatGPT 生成的故事开头

ChatGPT

随着对话的深入，女士发现这本旧书与她童年的回忆密切相关，她讲述了自己小时候的故事和这本书的意义。书店老板聆听着，他的眼神中充满了理解和共鸣。他也分享了自己对书籍的热爱以及开这家书店的初衷。两人在书香和午后的阳光中渐渐熟络。

日子一天天过去，女士开始频繁光顾这家书店。每次她来时，都能和书店老板分享新的故事和想法。他们的话题从书籍扩展到生活的点点滴滴，彼此的了解也在不知不觉中加深。

一天，书店举办了一个小型的文学沙龙，女士受邀参加。在那个晚上，她读了一段自己写的故事，赢得了在场人的赞赏。书店老板被她的才华和真诚所打动，他开始意识到自己对她的感情不仅仅是友谊。

随后的几周，两人一起组织了更多的活动，使得书店成为了小镇文化交流的中心。在这个过程中，他们彼此的情感逐渐加深。直到一个清新的春天午后，书店老板鼓起勇气，向女士表达了自己的心意。

女士被他的真诚所感动，她承认自己也对他有着同样的感情。在那个春天，他们开始了一段浪漫的恋情，就像他们共同爱着的书籍一样，充满了故事和梦想。

图 4-30　ChatGPT 续写故事

步骤 **03** 再次输入"继续"，让 ChatGPT 生成完整的故事，如图 4-31 所示。可以看到，ChatGPT 按照我们的指令，生成了符合事件发展先后顺序的故事，展现出故事的层次递进关系。

ChatGPT

随着恋情的发展，两人决定将他们的共同爱好转化为实际行动。他们开始一起策划和写作一本关于小镇故事的书籍，汇集了小镇的历史、文化和他们自己的经历。这个项目让他们的关系更加紧密，他们在收集资料、撰写故事的过程中，更加深入地了解了彼此。

一天，他们决定去小镇附近的一座山进行写作灵感的寻找。在山顶上，他们不仅找到了无与伦比的景色，还发现了小镇的一些被遗忘的故事。这次旅行成为了他们爱情故事中一个重要的里程碑。

随着时间的推移，他们完成了书籍的初稿。他们决定在书店举办一场特别的发布会，邀请了小镇上的居民和他们的朋友。发布会上，两人讲述了他们共同创作这本书的过程，以及他们之间的爱情故事。小镇的居民被他们的故事所打动，书籍受到了热烈的欢迎。

在这个特别的日子，书店老板向女士求婚。在亲朋好友和满屋书籍的见证下，女士含泪答应了。这个小镇的书店，不仅见证了他们爱情的发展，也成为了他们共同生活的起点。

图 4-31

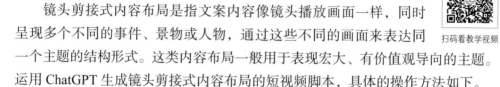

他们的故事不仅在小镇上流传，还激励了更多人去追求爱情和梦想。书店变成了一个爱情和文化交流的象征，吸引了越来越多外地游客前来探访。而两人则继续在这个充满故事的地方编织他们的生活。

图 4-31　ChatGPT 生成完整的故事

4.3.4　镜头剪接式内容布局

　　镜头剪接式内容布局是指文案内容像镜头播放画面一样，同时呈现多个不同的事件、景物或人物，通过这些不同的画面来表达同一个主题的结构形式。这类内容布局一般用于表现宏大、有价值观导向的主题。运用 ChatGPT 生成镜头剪接式内容布局的短视频脚本，具体的操作方法如下。

扫码看教学视频

　　步骤 01 先让 ChatGPT 根据主题生成几组画面，如输入"用不同的场景来描述秋天，要体现出秋天的特征"，得到的回复如图 4-32 所示。

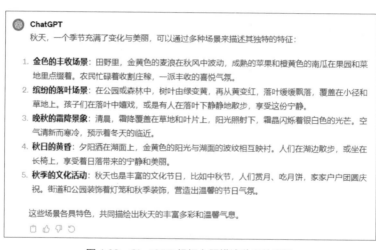

图 4-32　ChatGPT 根据主题描述秋天的场景

　　步骤 02 继续输入"将这些场景转换为短视频脚本，以表格的形式"，ChatGPT 生成的回复如图 4-33 所示。

1	金色的丰收场景	开始于一望无际的金黄色麦田，镜头缓缓拉近农民收割的画面。	欢快的乡村音乐，背景是农具作业的声音。	20秒
2	缤纷的落叶场景	显示多彩的树叶由绿转黄再到红，落叶缓缓飘落，孩子们在叶堆中玩耍。	轻松的秋日音乐，孩子们的欢笑声。	20秒
3	晚秋的霜降景象	清晨，霜降覆盖在草地和叶片上，阳光照射下的霜晶闪烁。	清晨的鸟鸣声，轻柔的旋律。	15秒
4	秋日的黄昏	镜头展示夕阳下的湖面，金黄色的阳光与波纹相互映衬。	悠扬的吉他曲调，夕阳下的自然声音。	20秒
5	秋季的文化活动（如中秋节）	展示家庭团聚，共赏明月，街道上的灯笼和装饰。	欢快的节日音乐，人群的交谈声和笑声。	25秒

这个表格为每个场景提供了一个清晰的框架，包括描述、视频镜头和动作、音效与背景音乐以及预期的时长。这样的组织方式有助于视频制作团队更有效地规划和执行短视频的创作过程。

图 4-33　ChatGPT 生成的镜头剪接式内容布局的短视频脚本

4.4　生成 AI 文案结尾

文案的结尾发挥着总结与强调观点、呼吁读者采取行动、给读者留下深刻印象和引导读者深入思考的作用。好的结尾能够增强文案的吸引力和影响力，因此创作者们有必要重视文案结尾的创作。本节将介绍运用 ChatGPT 生成文案结尾的方法，帮助创作者们提高创作文案的水平和效率。

4.4.1　呼应型文案结尾

呼应型文案结尾是指在结尾处呼应主体内容或开头。这类文案最主要的作用是强化信息，在广告营销文案中应用较广，能够起到加深读者对产品的印象和增强读者信任的作用。下面将举例介绍运用 ChatGPT 生成呼应型文案结尾的操作方法。

扫码看教学视频

步骤 01 让 ChatGPT 生成一段关于电商产品的文案开头，如输入"为洗衣机产品提供一段描述作为文案开头"，得到的回复如图 4-34 所示。

> **ChatGPT**
> 当然，以下是一段描述洗衣机产品的文案开头：
>
> "引领未来洗衣新潮流，我们的高科技洗衣机以其卓越性能和创新设计重新定义了家庭洗衣体验。具备智能感应技术和节能模式，这款洗衣机不仅保证了衣物的深层清洁，同时也在节约能源和水资源方面做出了贡献。其超静音运行和优雅外观使它成为每个现代家庭的理想选择。"

图 4-34　ChatGPT 生成关于电商产品的文案开头

步骤02 让 ChatGPT 根据这段开头，生成一段前后呼应的文案结尾，在输入框中输入"根据这段开头提供一段前后呼应的文案结尾"，ChatGPT 生成的呼应型文案结尾如图 4-35 所示。

> **ChatGPT**
> 当然，以下是一段与您提供的开头前后呼应的文案结尾：
>
> "在追求完美洗护的路上，我们不断创新，力求为您带来更加高效和环保的洗衣体验。这款先进的洗衣机不仅代表了洗衣技术的顶尖水准，更是您智能家居生活的理想伙伴。选择我们的洗衣机，让家庭生活更加简单美好，同时为保护地球环境贡献一份力量。未来洗衣，由此开始。"

图 4-35　ChatGPT 生成的呼应型文案结尾

4.4.2　引用型文案结尾

扫码看教学视频

引用型文案结尾是指在结尾处引用文学典籍、文人词句、典故、名言名句等来深化思想、升华主题。这类文案在引用时需注意选择的名言名句要紧扣文案主题，且具有说服力和影响力。运用 ChatGPT 生成引用型文案结尾的方法与运用其生成引经据典式文案开头的方法类似，具体的操作步骤如下。

步骤01 用户可以根据任务需求，在 ChatGPT 中生成对话前提，如在 ChatGPT 输入框中输入"有哪些古诗句可以用作论述知识的重要性"，得到 ChatGPT 的回复如图 4-36 所示。

> **ChatGPT**
> 古诗句可以用来论述知识的重要性，下面是一些经典的古诗句示例：
>
> 1. "读书破万卷，下笔如有神。" - 苏轼
>   这句诗表达了读书的重要性，通过阅读可以积累知识，提高写作能力，使文字更加神奇有力。
> 2. "学而时习之，不亦说乎？" - 孔子
>   孔子的这句话强调了学习和不断练习的重要性。只有通过不断地学习和实践，才能获得真正的知识和技能。
> 3. "书山有路勤为径，学海无涯苦作舟。" - 陆游
>   这句诗意味着知识就像一座高山，需要不懈的努力和坚持来攀登，同时也象征了知识的广阔无边。
> 4. "海内存知己，天涯若比邻。" - 王勃
>   这句诗表达了知识的力量，通过知识可以跨越时空，与远方的人建立深厚的关系。
> 5. "问渠那得清如许，为有源头活水来。" - 朱熹
>   这句诗意味着知识就像清澈的河水，要想拥有清晰的思维和见识，必须追寻知识的源头。

图 4-36　在 ChatGPT 中生成的对话前提

步骤02 根据 ChatGPT 的回复输入具体的需求，如输入"请引用'为学日益，为道日损'提供一个升华主题的文案结尾"，得到的引用型文案结尾如图4-37所示。

⑤ ChatGPT

结合"为学日益，为道日损"这一古语，我们可以为一篇关于知识和智慧的文章提供一个升华主题的文案结尾，如下：

"正如老子在《道德经》中所言，'为学日益，为道日损'，我们在不断追求知识的同时，也应学会减少那些不必要的欲望和杂念。真正的智慧，不仅仅在于知识的积累，更在于对生活的深刻理解和内心的平和。让我们在学习的道路上，既不断充实自己，也努力简化复杂，追求一种更纯粹、更高远的人生境界。"

这样的结尾不仅强调了知识的重要性，还提出了智慧的更高层次——内心的平和与生活的深刻理解，从而达到对整篇文章主题的升华。

图 4-37　ChatGPT 生成的引用型文案结尾

4.4.3　修辞型文案结尾

扫码看教学视频

修辞型文案结尾是指处运用修辞手法来写作文案结尾。这类文案可以起到增强文案的表现力和感染力，增加受众记忆点的作用。运用 ChatGPT 生成修辞型文案结尾可以在提示词中提供具体的修辞手法，以便获得更有效的回复，具体的操作方法如下。

步骤01 先在 ChatGPT 中生成对话前提，在输入框中输入"你知道排比手法吗？"得到 ChatGPT 的回复如图 4-38 所示。

⑤ ChatGPT

排比手法是一种常见的修辞方法，主要用于增强语言的表现力和感染力。在中文文学中，排比手法尤为常见，它通过重复相似的结构、形式或意义来强调一个概念或展示一系列相关事物。这种手法不仅能使语言更加生动有力，而且有助于增强语句的节奏感和音乐性。

排比在诗歌、散文、演讲甚至日常会话中都有广泛应用。例如，在一篇论述勤奋重要性的文章中，作者可能会使用排比手法列举多个勤奋带来的好处，如"勤奋能增强知识，勤奋能培养能力，勤奋能造就未来"，等等。通过这种重复和累积的效果，排比加深了主题的印象，使读者或听众对信息的接收更为深刻。

图 4-38　在 ChatGPT 中生成的对话前提

 步骤02 接着输入具体的需求，如输入"请运用排比手法为一篇校园广播稿提供文案结尾"，ChatGPT 生成的修辞型文案结尾如图 4-39 所示。

> **ChatGPT**
>
> 当然可以。以下是一个使用排比手法的校园广播稿结尾文案示例：
>
> "同学们，让我们一起努力，共同创造一个更加美好的校园生活。珍惜每一个阳光明媚的早晨，感受每一次知识的积累；把握每一个学习的机会，享受每一次智慧的成长；培养每一份团队合作的精
>
> ---
>
> 神，收获每一次友谊的温暖。让我们携手同行，在这个充满梦想和希望的校园里，共同书写我们青春的华章！"

图 4-39　ChatGPT 生成的修辞型文案结尾

4.4.4　反转型文案结尾

扫码看教学视频

反转型文案结尾是指给人出乎意料感觉的文案结尾。这类文案通常融入了幽默元素，作为搞笑视频的结尾，并给受众留下深刻的印象。用户输入恰当的提示词，能够引导 ChatGPT 生成反转型文案结尾，具体的操作方法如下。

步骤 01 先让 ChatGPT 生成一个幽默故事的脚本，在输入框中输入"提供一个搞笑短剧的脚本，带有故事情节"，得到的回复如图 4-40 所示。

> **ChatGPT**
>
> 当然可以！这里是一个更简短的搞笑短剧脚本：
>
> **标题：《错误的宝藏》**
>
> **场景：一个小镇的公园**
>
> ·**角色：**
> ·**汤姆**：一个常常惹麻烦的年轻人。
> ·**老爷爷**：一个坐在公园长椅上的老人。
>
> **汤姆**：(激动地对老爷爷)"我刚在这个公园里找到了一张宝藏地图！"
>
> **老爷爷**：(微笑)"噢，年轻人，那是我丢的地图，其实那只是我小时候的游戏地图。"
>
> **汤姆**：(失望)"哦，我以为我要成为富翁了呢！"
>
> **老爷爷**：(笑着)"有时候，生活的真正宝藏不是金银财宝，而是我们的回忆和经历。"
>
> **汤姆**：(若有所思地点头)"你说得对，老先生。也许我应该去创造更多的美好回忆。"
>
> **结局：汤姆微笑着离开**，老爷爷继续在长椅上看书，背景是温馨的公园景色。

图 4-40　ChatGPT 生成的搞笑短剧脚本

步骤 02 接着让 ChatGPT 优化这个脚本，如输入"改写这个故事的结局，要求出人意料"，得到的回复如图 4-41 所示。

出人意料的结局:

就在汤姆准备离开时，一个神秘人物走近他们。

神秘人物:"你们说的是这张地图吗？我已经追踪它多年了。它实际上是通往一笔被遗忘的财宝的真实地图！"

汤姆和老爷爷彼此对视，震惊又兴奋。

汤姆:（惊讶）"真的吗？这就是真正的冒险开始了！"

老爷爷:（微笑）"看来，有时候即使是最不可能的故事，也可能成真。"

结局：汤姆、老爷爷和神秘人物一起踏上了寻宝之旅，背景是夕阳下的公园。

这个改编的结局增加了一种冒险和神秘的元素，使故事变得更加激动人心和不可预测。

图 4-41　ChatGPT 生成的反转型文案结尾

第 5 章　文案实战：掌握写出爆款 AI 文案的秘诀

在前面的章节里我们介绍了 ChatGPT 的基本用法与技巧，帮助大家快速上手 ChatGPT。本章将举例介绍如何使用 ChatGPT 生成各种类型的文案，帮助大家学会使用 ChatGPT 来提高写文案的效率。

5.1　视频文案范例

在泛娱乐的时代背景下，短视频作为主要的娱乐形式之一，深受大众的喜爱，这与短视频的脚本策划、内容表达和后期剪辑等制作技巧有密切关系，而短视频文案是短视频制作的核心，起着至关重要的作用。本节将介绍利用 ChatGPT 创作视频文案的范例，使短视频的制作事半功倍。

5.1.1　视频口播文案

扫码看教学视频

口播视频是短视频中最常见的类型，它具有制作成本低、输出节奏快的特点。口播文案是口播视频的核心，影响着视频的吸引力和传播度。要想制作出爆款的口播视频，则需要在撰写口播文案时稍下功夫，而巧用 ChatGPT，可以使博主更高效、流畅地写作口播文案，并实现口播文案的高产。下面将举例介绍具体的操作方法。

步骤01 在 ChatGPT 的输入框中输入提示词，如"假设你是抖音平台的短视频创作者，擅长制作口播视频。请你根据爆款短视频口播文案的特点，围绕叫花鸡的烹饪过程，创作一个短视频口播文案"，如图 5-1 所示。

> 假设你是抖音平台的短视频创作者，擅长制作口播视频。请你根据爆款短视频口播文案的特点，围绕叫花鸡的烹饪过程，创作一个短视频口播文案　　　　　↑ 输入

图 5-1　输入相应的提示词描述

步骤02 按【Enter】键确认，ChatGPT 即可根据提示词生成视频口播文案，如图 5-2 所示。

> **ChatGPT**
> 当然可以。这里是一个围绕叫花鸡烹饪过程的爆款短视频口播文案：
>
> 开场镜头：镜头缓缓推进，展示新鲜的鸡肉和一排整齐的调料。
>
> 口播：大家好，今天带大家做一道传统美食——叫花鸡！首先，看这只新鲜的鸡，已经清洗干净，等待它的转变！
>
> （制作过程快速展示）
>
> 1. 鸡肉腌制：镜头特写鸡肉，旁白介绍腌料配方，显示鸡肉被腌制的画面。
>   口播：我们用特制香料和调味料把鸡肉腌制一小时，让它充分吸收味道。

图 5-2

2. 包裹泥巴：展示将鸡肉用荷叶包裹，再裹上一层湿泥的过程。

　　口播：接下来的秘诀在这里，用荷叶将鸡肉紧紧包住，再把它裹在泥巴里，锁住所有的美味。

3. 烤制画面：展示烤炉中泥巴缓慢转动，火光映照着泥巴。

　　口播：现在，我们把鸡肉放进烤炉，慢慢烤制，让泥巴均匀受热，香味四溢。

4. 成品展示：展示破开泥巴，荷叶下透出金黄酥脆的鸡肉。

　　口播：瞧！破开泥巴的那一刻，金黄酥脆的鸡肉显露出来，香气扑鼻，让人垂涎三尺！

结尾镜头：鸡肉被切开，肉汁四溢。

口播：好了，美味的叫花鸡制作完成！不知不觉中，我们完成了一道传统佳肴的制作，快来尝尝吧！

记得在视频中加入生动的背景音乐和适当的特效来吸引观众，希望这个文案能帮助你制作出爆款短视频！

图 5-2　ChatGPT 生成的视频口播文案

5.1.2　视频剧情文案

扫码看教学视频

　　视频剧情文案是指在短视频中表现故事情节、矛盾冲突、人物台词等的文字内容，它可以指导剧情类短视频的拍摄和剪辑，决定剧情类短视频的发展走向。在 ChatGPT 的帮助下，用户可以快速地创作出好的视频剧情文案，从而高效地完成视频的制作。下面介绍具体的操作方法。

　　步骤 01 在 ChatGPT 的输入框中输入提示词，如"假设你是一位拥有百万粉丝的博主，擅长制作剧情演绎类短视频。请你以环保为主题创作一个短视频剧情文案，要求故事引人入胜、逻辑连贯，且能够清晰地表达主题"，如图 5-3 所示。

假设你是一位拥有百万粉丝的博主，擅长制作剧情演绎类短视频。请你以环保为主题创作一个短视频剧情文案，要求故事引人入胜、逻辑连贯，且能够清晰地表达主题　　　　输入

图 5-3　输入相应的提示词描述

　　步骤 02 按【Enter】键确认，ChatGPT 即可生成视频剧情文案，如图 5-4 所示。

ChatGPT

当然，我可以帮你创作一个以环保为主题的短视频剧情文案。这里有一个故事构思：

标题：『绿色未来的守护者』

剧情简介：
在不久的将来，一个被严重污染的城市，居民们因长期忽视环保而遭受后果。主角小杰，一位热心的中学生，发现了一个时间旅行的秘密。

视频流程：

1. **开头**：展示城市的污染景象，空气浑浊，垃圾遍地。小杰在学校里学习到环保的重要性，感到忧心忡忡。
2. **冲突**：小杰偶然在爷爷的书房发现一台能够穿越时间的机器。他决定回到过去，阻止这场环境灾难的发生。
3. **行动**：小杰回到过去，开始积极地向人们宣传环保的重要性。但是，人们对他的警告不屑一顾，认为他只是个幼稚的孩子。
4. **高潮**：小杰不气馁，他开始通过具体行动来影响他人：清理河流、种植树木、参与环保活动。他的行为慢慢地感染了周围的人。
5. **转折**：小杰的环保行动引起了媒体关注，逐渐形成了一股强大的环保运动。更多的人开始加入他的行列，共同努力保护环境。
6. **结局**：小杰回到未来，发现城市变了样子。空气清新，绿树成荫，人们的生活方式也更加环保。他的努力改变了未来。

结尾点评：

视频以小杰站在绿意盎然的城市中，微笑着对观众说："每个人的小小努力，都能为我们的地球带来巨大的改变。"作为结尾。

图 5-4　ChatGPT 生成的视频剧情文案

5.1.3　视频标题文案

扫码看教学视频

"题好一半文"，是指好的标题对文章的重要性，这个理念同样也适用于短视频。在制作短视频时，标题也是不可忽视的元素，好的标题可以为短视频吸引到更多的受众。在 ChatGPT 的帮助下，可以自动化创作和生成短视频标题，从而节省短视频创作者的时间。下面介绍具体的操作方法。

步骤 01 在 ChatGPT 的输入框中输入提示词，如"假设你是一名新媒体工作者，拥有多年的从业经验。请你结合爆款短视频标题文案的特点和受众的兴趣，提供一些主题为摄影达人的短视频标题文案，并添加 tag 标签"，如图 5-5 所示。

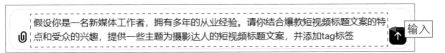

图 5-5　输入相应的提示词描述

步骤 02 按【Enter】键确认，ChatGPT 即可生成视频标题文案，如图 5-6 所示。

> **ChatGPT**
>
> 作为一名经验丰富的新媒体工作者，我理解爆款短视频标题文案需要具备吸引力、相关性以及易于理解的特点。结合摄影达人这一主题，下面是一些建议的短视频标题文案，以及相应的标签：
>
> 1. 标题：『📷 快速提升！10个摄影小技巧 | 提高拍摄技艺』
>   Tags: #摄影技巧 #快速提升 #摄影达人
> 2. 标题：『✳ 从零开始！摄影新手完全指南』

　　Tags: #新手入门 #摄影指南 #学摄影
3. 标题：『🏞 黄金时刻拍摄秘籍 | 捕捉完美日落』
　　Tags: #黄金时刻 #日落摄影 #拍摄技巧
4. 标题：『🏔 大自然摄影教程 | 捕捉自然之美』
　　Tags: #自然摄影 #风光摄影 #摄影教程
5. 标题：『🏙 城市夜景摄影技巧 | 照亮夜晚的秘诀』
　　Tags: #夜景摄影 #城市摄影 #摄影技巧
6. 标题：『📷 镜头背后的故事 | 职业摄影师的一天』
　　Tags: #摄影师日常 #摄影故事 #职业摄影
7. 标题：『👪 家庭摄影技巧 | 记录珍贵时刻』
　　Tags: #家庭摄影 #记录生活 #摄影技巧
8. 标题：『🗂 摄影构图原则 | 提升你的作品水平』
　　Tags: #构图技巧 #摄影教学 #艺术摄影
9. 标题：『🐾 宠物摄影小贴士 | 捕捉宠物的每一刻』
　　Tags: #宠物摄影 #摄影技巧 #可爱宠物
10. 标题：『📱 手机摄影挑战 | 用手机拍大片』
　　　Tags: #手机摄影 #摄影挑战 #创意拍摄

图 5-6　ChatGPT 生成的视频标题文案

5.2　电商文案范例

　　电商文案是指利用文案将产品的卖点呈现出来，在电商领域中，电商文案发挥着重要的作用。写作电商文案，对用户的营销能力、归纳能力和网感都有一定的要求，但在 ChatGPT 的帮助下，用户写作电商文案能够如鱼得水。本节将介绍使用 ChatGPT 创作电商文案的范例，让大家对 ChatGPT 的操作更加熟悉。

5.2.1　电商主图文案

　　在电商领域，主图文案能够用于凸显产品的亮点和优势，从而激发消费者的购买欲望。撰写主图文案需要分析产品的特点、受众

扫码看教学视频

的需求、市场趋势等多方面的因素，同时还需要一定的网感和文字功底。此时，用户巧用 ChatGPT，便可以借助 AI 的力量快速获得电商主图文案。下面介绍具体的操作方法。

步骤 01　在 ChatGPT 的输入框中输入提示词，如"请结合空气炸锅的受众需求和产品亮点，撰写一组空气炸锅的电商主图文案，要求语言精简、亮点突出"，如图 5-7 所示。

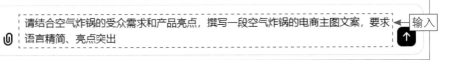

图 5-7　输入相应的提示词描述

步骤 02　按【Enter】键确认，ChatGPT 即可生成空气炸锅的电商主图文案，如图 5-8 所示。

ChatGPT
空气炸锅电商主图文案：

1. "健康烹饪，少油更轻松 - 高效空气炸锅"
2. "一键操作，美味即刻呈现 - 智能空气炸锅"
3. "快速加热，均匀烘烤 - 全能空气炸锅"
4. "家庭必备，美食好搭档 - 多功能空气炸锅"
5. "省时省电，厨艺新选择 - 节能空气炸锅"

这组文案简洁明了，强调了空气炸锅的主要卖点，如健康少油、操作简便、快速加热、多功能应用以及节能效果，满足不同消费者的需求。

图 5-8　ChatGPT 生成的主图文案

5.2.2　电商详情页文案

详情页文案是电商领域用于描述产品详细特征的文字内容，包括产品的具体功能、设计特点、规格包装、使用说明、注意事项等元素，能够以文字的形式全面地介绍产品。借助 ChatGPT 的力量，用户可以快速获得特定产品的详情页文案内容，从而节省人力成本。下面介绍具体的操作方法。

扫码看教学视频

步骤 01　在 ChatGPT 的输入框中输入相应的提示词，向 ChatGPT 提供产品的详情信息，如图 5-9 所示。

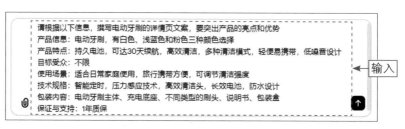

图 5-9　输入相应的提示词描述

步骤 02 按【Enter】键确认，ChatGPT 即可生成电商详情页文案，如图 5-10 所示。

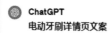

图 5-10　ChatGPT 生成的详情页文案

5.2.3　产品测评文案

产品测评文案是侧面宣传产品的有效途径，一般包含专业、客观的产品信息，能够给消费者购买产品提供参考。借助 ChatGPT 的力量，用户可以获得比较全面、中肯的产品测评文案。下面介绍具体的操作方法。

扫码看教学视频

步骤 01 在 ChatGPT 的输入框中输入相应的提示词，如图 5-11 所示，采用指令模板让 ChatGPT 生成产品测评文案。

请根据护肤品测评的多个维度，结合以下信息对产品进行测评，并生成一篇客观的产品测评文案

产品信息：

RT是XXX品牌推出的一款洗面奶，主打美白淡斑，提亮肤色的效果

RT具有锁水持久、液体吸附力强、亲肤柔软三大优势

这款洗面奶邀请了30名热心用户进行体验，在14天之后，80%的结果显示认同同色斑痘印变淡了、皮肤更加透亮以及肤色不均匀问题有所改善

←输入

图 5-11 输入相应的提示词描述

步骤02 按【Enter】键确认，ChatGPT 即可根据提示词的模板，生成洗面奶的产品评测文案，如图 5-12 所示。

 ChatGPT

测评报告：RT洗面奶

产品简介

RT洗面奶是XXX品牌推出的一款以美白淡斑和提亮肤色为主打效果的产品。这款洗面奶不仅关注肌肤的美白效果，还注重锁水持久、高效液体吸附力以及亲肤柔软的体验。

维度测评

1. 美白淡斑效果

通过30名用户的14天体验反馈，80%的使用者表示肤色得到了明显改善，色斑及痘印明显变淡。这一结果表明RT洗面奶在美白淡斑方面具有显著效果。

2. 提亮肤色

多数用户反馈，使用RT洗面奶后，肌肤更加透亮，肤色不均匀问题有所改善。这说明产品在提亮肤色方面同样有效。

3. 持久锁水

RT洗面奶的锁水持久性能得到了用户的高度评价，这对于保持肌肤水润有极大帮助。

4. 吸附力与亲肤性

产品的液体吸附力强，能有效清洁肌肤，同时保持亲肤柔软，适合各种肤质使用，不会造成肌肤紧绷或不适。

总结

综合测评结果，RT洗面奶在美白淡斑、提亮肤色、锁水持久、吸附力和亲肤性等多个维度表现优异。尤其是其美白淡斑和提亮肤色的效果，受到了广大用户的认可。该产品适合追求美白和肤色均匀的消费者使用。不过，作为消费者，在选择护肤品时应考虑自身肤质和需求，同时留意是否有过敏反应等情况。

图 5-12 ChatGPT 生成的产品测评文案

5.3 直播文案范例

直播文案是指在直播中需要用到的文字内容，包括直播标题文案、直播封面文案、直播预热文案和直播热评文案等。在 ChatGPT 的帮助下，用户可以轻松撰写直播文案，从而帮助宣传直播活动。本节将以范例的形式来详细介绍使用 ChatGPT 生成直播文案的操作步骤。

5.3.1 直播标题文案

直播标题文案是指发布直播活动的时间、主题等信息的文字内容，能够起到宣传直播活动、吸引受众注意力的作用。在直播活动

扫码看教学视频

的标题文案中，一般会直接写明直播开始的时间、直播的主题和受众的利益点，吸引受众关注直播。用户巧用 ChatGPT，便可以借助 AI 的力量快速获得直播标题文案。下面介绍具体的操作方法。

步骤 01 用户在运用 ChatGPT 生成直播标题文案时可以采用指令模板进行提问，例如在 ChatGPT 的输入框中输入"有吸引力的直播标题文案有哪些特点？这些特点对写作直播标题文案有什么帮助？"ChatGPT 的回答如图 5-13 所示。

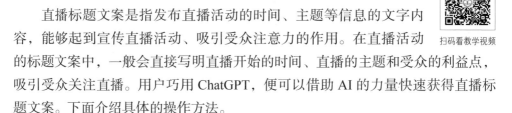

图 5-13 ChatGPT 生成相应的回复

步骤02 向 ChatGPT 提出需求，获取直播标题文案，在 ChatGPT 的输入框中输入"请结合以上特征，为一场跨年晚会直播活动提供标题文案，要对目标受众有吸引力"，ChatGPT 的回答如图 5-14 所示。

ChatGPT

为了吸引目标受众，我们可以针对一场跨年晚会直播活动设计一个结合上述特点的标题文案。这里有一个例子：

标题文案："2024迎新盛典：与星共舞，倒数时刻的奇迹之夜！"

这个标题包含了以下元素：

1. **醒目且吸引人**：使用"迎新盛典"和"与星共舞"这样的短语，既吸引人又具有视觉冲击力。
2. **清晰明了**：标题直接表明了活动的性质———一场迎接新年的晚会。
3. **相关性**："倒数时刻的奇迹之夜"与跨年活动密切相关，吸引那些想要特别庆祝新年到来的观众。
4. **使用关键词**："2024迎新盛典"是一个很好的关键词组合，有助于在搜索结果中脱颖而出。
5. **激发好奇心**："与星共舞"可能会激发人们的好奇心，他们会想知道哪些明星将会出现。
6. **承诺价值**：这个标题承诺了一个不仅有明星参与，而且充满神奇时刻的夜晚，增加了观众的期待。
7. **个性化和创造性**：这个标题通过其独特的措辞和创造性的表达方式展现了个性。

这样的标题可以有效吸引目标受众，增加他们对跨年晚会直播活动的兴趣和期待。

图 5-14　ChatGPT 生成的直播标题文案

5.3.2　直播封面文案

直播封面文案是指在直播海报或直播主页上显示的文字内容。通常情况下，直播封面文案的特点是文字简短、高度概括、凝练主题、对受众有吸引力的。用户在运用 ChatGPT 生成直播封面文案时，可以让 ChatGPT 融入修辞手法来生成文案，使文案更具创意性和吸引力。下面介绍具体的操作方法。

扫码看教学视频

步骤01 在 ChatGPT 的输入框中输入相应的提示词，向 ChatGPT 提出写作直播封面文案的要求，如图 5-15 所示。

请根据直播封面文案的写作特点，提供音乐节的直播封面文案，要求1、用词更具新颖、独特性；2、适当加入隐喻、用典等修辞手法　　　◀──输入

图 5-15　输入相应的提示词描述

步骤 02 按【Enter】键确认，ChatGPT 即可根据提示词中的要求，生成直播封面文案，如图 5-16 所示。

ChatGPT
当然可以。这里是一份针对音乐节直播的封面文案，融合了新颖的用词和修辞技巧：

🎶【和声之海，旋律的盛宴】🎶
探索无限音乐奥义，在节拍中舞动灵魂

⚡ 狂欢的火花，你准备好迸发了吗？
感受每一个音符，像烟火在夜空中绽放

✵ 在旋律的迷宫中迷失，让音乐成为你的北极星
每一次跳动，都是对生命的热烈庆祝

🐞 让我们一起，把激情变成永恒的回音
在音乐的世界里，找到自我，释放灵魂

🔥 "每一场音乐节，都是生命中的一个不朽传说"
来吧，让我们一起书写属于我们的篇章

这份文案融合了创新的用词和修辞技巧，如隐喻、比喻等，来增强文案的吸引力和表现力。希望这能满足您的需求！

图 5-16　ChatGPT 生成的直播封面文案

5.3.3　直播预热文案

扫码看教学视频

直播预热文案是指在直播活动开始之前对直播进行宣传、推广的文字内容。这类文案有两大呈现方法，一是在将要直播的平台上进行内容发布；二是在将要直播的平台之外的平台上进行内容发布，不同的呈现方式决定着直播预热文案的语言风格。

一般来说，抖音平台无论是否作为将要直播的平台，都会成为直播预热文案的主要呈现阵地。因此，直播预热文案的语言风格多带有抖音平台的文案特点，

用户在运用 ChatGPT 生成直播预热文案时可以说明这一点。下面介绍具体的操作方法。

步骤01 在 ChatGPT 的输入框中输入相应的提示词，让 ChatGPT 根据抖音文案的特性撰写直播预热文案，如图 5-17 所示。

请根据抖音文案的特性，来撰写以野外露营为主题的直播活动宣传文案，让更多 ←── 输入
的人前往直播间观看

图 5-17　输入相应的提示词描述

步骤02 按【Enter】键确认，ChatGPT 即可根据提示词生成相应的直播预热文案，如图 5-18 所示。

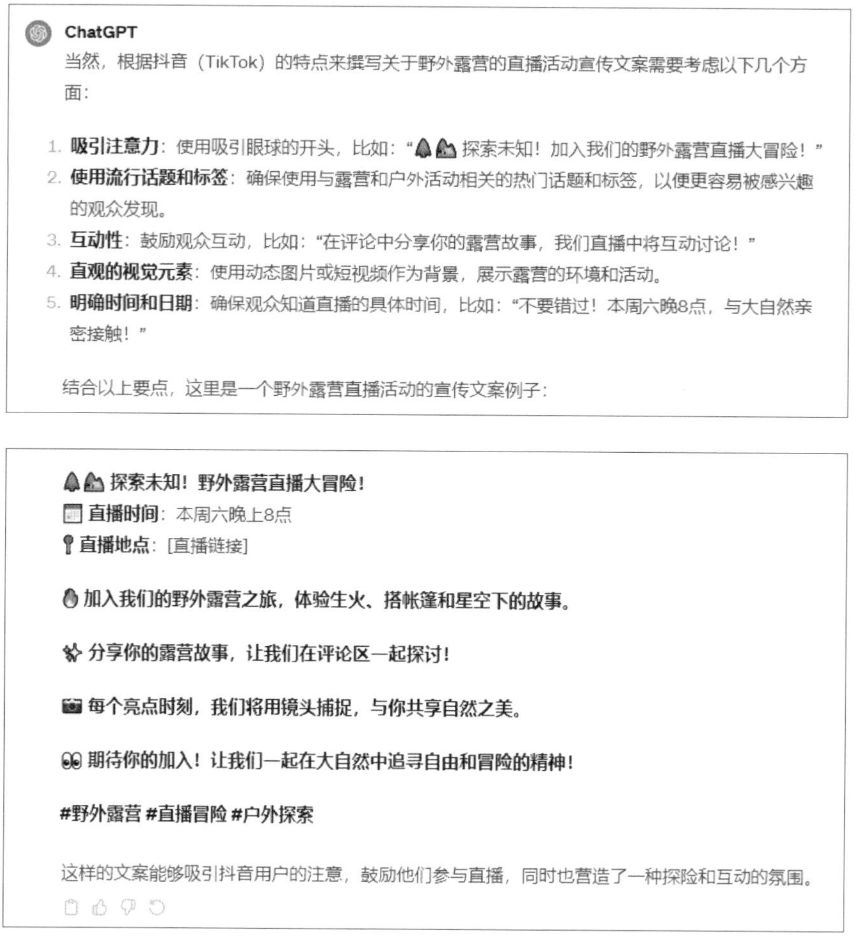

ChatGPT

当然，根据抖音（TikTok）的特点来撰写关于野外露营的直播活动宣传文案需要考虑以下几个方面：

1. **吸引注意力**：使用吸引眼球的开头，比如："🏕️🏔️ 探索未知！加入我们的野外露营直播大冒险！"
2. **使用流行话题和标签**：确保使用与露营和户外活动相关的热门话题和标签，以便更容易被感兴趣的观众发现。
3. **互动性**：鼓励观众互动，比如："在评论中分享你的露营故事，我们直播中将互动讨论！"
4. **直观的视觉元素**：使用动态图片或短视频作为背景，展示露营的环境和活动。
5. **明确时间和日期**：确保观众知道直播的具体时间，比如："不要错过！本周六晚8点，与大自然亲密接触！"

结合以上要点，这里是一个野外露营直播活动的宣传文案例子：

🏕️🏔️ **探索未知！野外露营直播大冒险！**
🔔 **直播时间**：本周六晚上8点
📍 **直播地点**：[直播链接]

🔥 加入我们的野外露营之旅，体验生火、搭帐篷和星空下的故事。

🎶 分享你的露营故事，让我们在评论区一起探讨！

📷 每个亮点时刻，我们将用镜头捕捉，与你共享自然之美。

👀 期待你的加入！让我们一起在大自然中追寻自由和冒险的精神！

#野外露营 #直播冒险 #户外探索

这样的文案能够吸引抖音用户的注意，鼓励他们参与直播，同时也营造了一种探险和互动的氛围。

图 5-18　ChatGPT 生成的直播预热文案

5.3.4　直播热评文案

扫码看教学视频

直播热评文案是指在直播平台或社交媒体上，主播针对直播活动发表有趣、引人注目或创造性的评论。这些评论旨在吸引受众的注意力、增加互动和讨论，并提供娱乐价值。直播热评文案对维持直播活动后期的热度也很有帮助，而在 ChatGPT 的帮助下，用户可以轻松撰写直播热评文案。下面介绍具体的操作方法。

步骤 01 在 ChatGPT 的输入框中输入"请根据热评文案的特点，提供一些以电影宣传为主题的直播活动热评文案，激发受众的讨论热情，以维持直播活动的热度"，即可让 ChatGPT 生成相应的直播热评文案，如图 5-19 所示。

> **ChatGPT**
>
> 为了创造引人注目的直播活动热评文案，重点应该放在吸引观众、提高参与度和维持直播活动热度上。以下是一些围绕电影宣传主题的热评文案建议：
>
> 1. **互动式提问：**"📧 如果你有机会给这部电影的主角提一个问题，你会问什么？最有创意的问题将在直播中得到回答！#你问我答 #电影直播"
> 2. **悬念制造：**"🎲 直播中将揭晓一位幸运观众，与主演共享独家幕后故事！你绝对不想错过这个机会！#幕后秘辛 #直播惊喜"
> 3. **影评互动：**"🎬 分享你对这部电影的看法，并在直播中找出其他观众的观点！让我们一起深入探讨这部作品的魅力！#深度影评 #电影夜谈"
> 4. **观点投票：**"📋 投票选出你最期待在直播中看到的环节，是导演访谈？还是幕后花絮？你的选择将影响直播内容！#我来定节目 #直播投票"
> 5. **挑战任务：**"🎯 在直播中完成挑战，赢取电影周边商品！每个挑战都是对你电影知识的考验！#电影挑战 #直播赢好礼"
> 6. **预告片讨论：**"📹 你觉得预告片中隐藏了哪些秘密？在直播中一起揭晓，看看你的猜测是否准确！#解析预告 #猜猜猜"
> 7. **角色投入：**"🎭 如果你是电影中的一员，你会做出怎样的选择？分享你的想法并看看其他观众怎么说！#我是主角 #角色扮演"
>
> 通过这些文案，你可以激发受众的讨论热情，促进互动，并维持直播活动的热度。记得根据具体电影和目标观众群体调整文案内容，以达到最佳效果。

图 5-19　ChatGPT 生成的直播热评文案

步骤 02 用户还可以对提示词稍作修改，让 ChatGPT 生成直播活动后期的热评文案，例如在 ChatGPT 的输入框中输入"请根据热评文案的特点，提供一些以电影宣传为主题的直播活动热评文案，对直播活动进行回顾和总结"，即可让 ChatGPT 生成直播活动后期的热评文案，如图 5-20 所示。

> **ChatGPT**
>
> 为了对以电影宣传为主题的直播活动进行有效的回顾和总结，热评文案需要突出活动的亮点、观众参与度以及未来活动的预告。以下是一些建议的文案：
>
> 1. **精彩回顾**："📷 回顾一下吧！在我们的直播中，你们见证了电影背后的那些故事，和主创团队的独家分享。感谢每一位加入我们的影迷！#电影之夜回顾 #独家幕后"
> 2. **互动亮点**："💬 我们的直播不仅仅是观看，更是体验！你们的提问和评论让这个晚上更加特别。再次感谢大家的积极参与！#观众互动 #精彩瞬间"
> 3. **观众反馈展示**："🎉 你们的热情反馈是我们最大的动力！看看这些精彩评论，感受大家对这次直播的热爱和期待吧！#观众之声 #直播回响"

> 4. **幕后花絮分享**："🎬 没有看过我们的直播？别担心，这里有一些幕后花絮和精彩片段，让你感受那晚的热烈氛围！#直播精华 #幕后花絮"
> 5. **未来预告**："📣 这只是开始！留意我们的下一次直播，更多精彩内容等你来探索。你准备好了吗？#下一站精彩 #敬请期待"
> 6. **感谢致辞**："🙏 感谢每一位加入我们直播的朋友。你们的支持是我们前进的动力。期待在下一次的直播中再会！#感恩相伴 #再见不远"
> 7. **总结亮点**："✨ 每个瞬间都值得铭记。这次直播不仅展示了电影的魅力，也展示了我们强大的影迷社区。一起期待下一次的相聚！#直播盛宴 #共同回顾"
>
> 通过这些文案，你可以有效地总结直播活动的亮点和成就，同时激发观众对未来活动的期待和兴趣。这样的总结不仅增强了与观众的连接，也为未来的宣传活动打下了良好的基础。

图 5-20　ChatGPT 生成的直播活动后期的热评文案

5.4　文艺创作范例

ChatGPT 用于文艺创作，可以生成诗词、戏剧、散文、文学评价等具有文艺气息的文字，为文艺创作提供新的思路和开阔新的创作方向。本节将介绍 ChatGPT 在文艺创作方面的应用范例。

5.4.1　散文写作

在生活中，我们欣赏美景、享受美食、阅读佳作或感悟人生百味，都可能会禁不住文思涌动，想要用言语或文字表达，散文便由此而来。ChatGPT 的出现，让散文能够借助 AI 的力量传情达意。下面介绍具体的操作方法。

扫码看教学视频

步骤 01 在 ChatGPT 的输入框内输入相应的提示词，让 ChatGPT 根据鲁迅散文的特点写一篇关于江南雪景的散文，如图 5-21 所示。

请根据鲁迅的《雪》这篇散文的特点，写作一篇关于江南雪景的散文　←　输入　↑

图 5-21　输入相应的提示词描述

步骤 02 按【Enter】键确认，即可让 ChatGPT 写一篇散文，如图 5-22 所示。

ChatGPT

写作一篇关于江南雪景的散文，受到鲁迅《雪》散文风格的启发，意味着要融入鲁迅特有的文学特点，如深刻的思考、独特的情感表达和丰富的文学意象。下面是一篇以此风格撰写的关于江南雪景的散文：

江南的雪

江南的雪，不似北方那般猛烈与壮观。它来得细腻，轻柔，仿佛天地间最温柔的话语，缓缓诉说着冬日的寂静。这雪，仿佛有着鲁迅先生笔下的那份深沉，不带喧嚣，却又包含着无穷的思绪。

小桥流水人家，是江南雪的一幅画。雪花轻轻地飘落在斑驳的石桥上，覆盖着河岸边的老屋瓦顶。一切都变得模糊，仿佛笼罩在一层淡淡的雾气中，透出一种说不清的古旧与沧桑。这是一种时间的沉淀，历史的味道，在这寂静的雪景中愈发浓郁。

走在这雪中，脚下的声音异常清晰。每一步都像是在与过去对话，回响在这古老的江南街巷。鲁迅先生说过："雪是无情的。"但在江南，这雪却仿佛带着情感，轻轻地、慢慢地改变着这个世界，给人以沉思的空间。

这雪，不仅仅是一种自然现象，它更像是一种情感的释放，一种对过往岁月的回望。在这片雪花中，仿佛能看见历史的长河，文化的深厚，也能感受到鲁迅笔下的那种深邃与辛辣，对社会的深刻洞察和内心的微妙变化。

江南的雪，静默而深情。它不像北方的雪那般磅礴，却有着别样的韵味。在这样的雪中漫步，就像是在历史的长河中遨游，感受着每一个细微的变化，每一次心灵的触动。

在这样的雪景中，我仿佛听见了鲁迅先生笔下的声音，那深邃而又充满力量的声音，在雪的寂静中回荡，让人不禁沉思。

这篇散文尝试捕捉江南雪景的独特美感，并以鲁迅的文学风格为灵感，融入深刻的社会洞察和个人情感的表达，试图创造一种既有视觉美感又有思想深度的文学作品。

图 5-22　ChatGPT 生成的散文

5.4.2　戏剧创作

扫码看教学视频

戏剧是一种独特的文本，可以通过舞台、电视荧幕、电影等形式呈现出具体的画面，相对于散文，戏剧更有故事性和画面感，因此成为人们闲暇时的娱乐方式之一。用户运用 ChatGPT，可以找到一些撰写戏剧的灵感，具体的操作方法如下。

步骤01 在 ChatGPT 的输入框内输入相应的提示词，让 ChatGPT 模仿曹禺的风格创作一部戏剧，先生成戏剧的内容简介和大纲，然后再根据大纲写出详细的戏剧内容，如图 5-23 所示。

请模仿曹禺的风格，创作一部以家庭纷争为主题的戏剧，要求先生成内容简介与大纲

输入

图 5-23 输入相应的提示词描述

步骤02 按【Enter】键确认，即可让 ChatGPT 模仿曹禺的风格创作一部戏剧，如图 5-24 所示。

ChatGPT
模仿曹禺风格创作一部以家庭纷争为主题的戏剧，我们可以参考他的代表作，如《雷雨》和《日出》，这些作品以深刻的人物塑造和对家庭纷争的细腻描绘著称。以下是这部戏剧的内容简介与大纲：

戏剧标题：《风雨桥边》

内容简介：

《风雨桥边》是一部深刻描绘家庭纷争的现代话剧。故事发生在一个风雨交加的夜晚，围绕着桥边小镇的一个家庭展开。家族的老父亲，过去是一名有权势的商人，如今却身患重病，家中权力的真空引发了一系列的冲突和纷争。剧中通过家族成员间的爱恨情仇、隐秘的往事和不同的人生观，展现了人性的复杂性和家庭关系的脆弱。

大纲：

1. **序幕** - 风雨之夜，老宅内，家族成员陆续登场，展示各自的性格和背景。
2. **第一幕** - 家族纷争初现。家族长子与次子因继承问题发生激烈争执，揭露家族过往的秘密。
3. **第二幕** - 情感纠葛。揭示老父亲过去的爱情故事，以及其对当前家庭纷争的影响。
4. **第三幕** - 冲突升级。家族成员间的误解和猜疑导致情况恶化，旧恨和新仇交织。
5. **第四幕** - 真相大白。家族中一直被隐藏的秘密被揭露，导致家族成员间的关系重新洗牌。
6. **结局** - 和解与破裂。家族成员最终面对自己的选择，有的选择和解，有的则选择离开。

这部戏剧试图通过复杂的家庭关系和深刻的人物塑造，探讨家庭、爱、责任和选择之间的关系，呈现出类似曹禺作品中的悲剧美学和深沉的情感。

图 5-24 ChatGPT 创作戏剧示例

5.4.3 文学评价

文学评价是深入分析和评价文学作品的一种形式，旨在通过对文本的解读和评价，揭示出文本的内涵、特征、结构，以及文学作品与时代、社会、文化的关系。文学评价是推动文艺创作的方式之一。

扫码看教学视频

运用 ChatGPT 生成文学评价，可以提供不同维度、不同视角的文学解读，从而推动文艺创作活动的发展与进步。下面介绍具体的操作方法。

步骤01 在 ChatGPT 的输入框内输入相应的提示词，赋予 ChatGPT 文学批评专家的身份，如图 5-25 所示。

假设你是一名文学批评专家，请你从多个维度对《格列佛游记》这部文学作品进行解读和评价，并写作一篇500字左右的论文 　　输入

图 5-25　输入相应的提示词描述

步骤02 按【Enter】键确认，即可让 ChatGPT 结合文学批评相关的理论来进行文学评价，如图 5-26 所示。

ChatGPT

《格列佛游记》（Gulliver's Travels），由英国作家乔纳森·斯威夫特（Jonathan Swift）于1726年出版，是一部融合了讽刺、幽默、和冒险元素的作品。这部小说通常被视为儿童文学的经典，但其实它是一部深刻的社会和政治讽刺作品。

首先，从文学性和叙事技巧的角度看，《格列佛游记》展现了斯威夫特卓越的想象力和叙述技巧。小说通过主人公格列佛的视角，描绘了几个奇幻的国度：如身形微小的人民居住的利立普特国（Lilliput）、巨人居住的布罗布丁纳格国（Brobdingnag）、由哲学家和科学家统治的拉普他国（Laputa），以及与动物理性交流的胡亥尼姆国（Houyhnhnms）。这些奇异的世界设定不仅仅是为了娱乐读者，更是斯威夫特对当时社会、政治现状的隐喻和批判。

其次，从政治和社会讽刺的角度看，《格列佛游记》是对18世纪初英国政治和社会现状的尖锐批评。利立普特和布罗布丁纳格的描写暗喻了英国的政治冲突和社会矛盾，如小国与大国的关系、统治者与被统治者的冲突等。而拉普他国的描写则是对当时科学和哲学界空洞而脱离现实的批评。

再次，从人性和伦理的角度分析，《格列佛游记》探讨了人性的多样性和复杂性。格列佛在不同国度的经历反映了人类的多种面貌：自负、好战、愚昧、理性等。特别是在与胡亥尼姆（理性马）的交流中，人类的暴力和非理性被赤裸裸地展现出来，形成了与理性动物的鲜明对比。

最后，从文化批评的角度看，《格列佛游记》也是对当时欧洲中心主义和殖民主义态度的批判。格列佛的"发现"和对"野蛮"土地的描述，反映了当时欧洲对外界的无知和偏见。

总结来说，《格列佛游记》不仅仅是一部儿童文学作品，它更是一部深具讽刺意味、探讨人性、政治和社会问题的文学巨作。斯威夫特通过格列佛的奇幻旅程，展示了人类社会的荒谬和矛盾，同时也表达了对人类理性和文明的深刻思考。

图 5-26　ChatGPT 生成文学评价示例

5.5　小说编写范例

小说是指一些虚构的、带有故事情节的文字内容，它通常通过描述情节发展和刻画人物形象来吸引受众的关注，包括科幻小说、推理小说、现实小说和历史小说等。本节将以范例的形式来详细介绍使用 ChatGPT 编写小说的操作步骤。

5.5.1 编写科幻小说

扫码看教学视频

科幻小说是指在尊重科学结论的基础上，进行故事虚构的文学体裁。这类小说主要以科学故事为题材，一般具备逻辑自洽、科学元素和人文思考 3 个要素。ChatGPT 可以为用户提供创作科幻小说的灵感，具体的操作方法如下。

步骤01 在 ChatGPT 的输入框内输入相应的提示词，赋予 ChatGPT 科幻小说家的身份，如图 5-27 所示。

你的角色是一名科幻小说家，你拥有天马行空的想象力，擅长创作世界观庞大的科幻题材故事。现在需要你虚构一篇500字左右的科幻小说，主题为"月球上的女孩"，语言风格不限，但需要遵循以下规则：1、逻辑自洽；2、带有科学元素；3、有一定的人文思考 ← 输入

图 5-27 输入相应的提示词描述

步骤02 按【Enter】键确认，即可让 ChatGPT 以科幻小说家的身份编写一篇科幻小说，如图 5-28 所示。

ChatGPT
在月球的无垠荒漠中，有一个被遗忘的基地，那里住着一位名叫艾莉的女孩。艾莉的父母是第一代月球探险家，但在一次科研事故中不幸丧生，留下她独自生活在这个冰冷的世界。这个基地被遗忘的原因，是因为地球上的人类在探索宇宙的过程中遇到了新的挑战，逐渐放弃了对月球的关注。

艾莉拥有一台老旧的计算机，里面存储着父母留下的丰富知识库。她利用这些知识，学会了如何在月球上种植食物、制造氧气和水。艾莉的生活虽然简朴，但她并不感到孤独。因为她有一个伙伴——一个由父母编程的智能机器人，名叫"图灵"。

艾莉和图灵一起探索月球，发现了许多父母未曾发现的奇异地貌和矿物。在一次探险中，艾莉偶然发现了一个巨大的地下洞穴，里面藏着古老的外星文明遗迹。这一发现震惊了艾莉，也让她开始思考人类与外星生命的关系，以及宇宙中的我们的位置。

艾莉决定将这一发现通过无线电波传回地球。经过漫长的等待，地球上的科学家们接收到了信号，重燃了对月球的兴趣。一队探险队被派遣到月球，与艾莉会面，并开始共同研究这些外星遗迹。

这个故事不仅展现了科学和探索的魅力，也体现了人类对于宇宙的好奇心和对未知的渴望。艾莉的孤独和坚强，展示了人类在面对困境时的勇气和智慧。而她与图灵的友情，以及与地球科学家的合作，则反映了人类社会的互助与合作精神。最终，艾莉的故事告诉我们，无论在何处，只要有探索的心，就永远不会孤单。

图 5-28 ChatGPT 编写科幻小说示例

5.5.2 编写推理小说

扫码看教学视频

推理小说是一种以逻辑推理的方式来虚构故事的文学体裁。这类小说通常会设置一个谜题来贯穿整个故事，让读者寻找凶手或找寻失物，以此来吸引读者阅读的兴趣。在 ChatGPT 的帮助下，推理小说家可以获得更多的创作灵感。下面介绍具体的操作方法。

步骤01 在 ChatGPT 的输入框内输入相应的提示词，赋予 ChatGPT 推理小说家的身份，如图 5-29 所示。

你的角色是一名推理小说家，擅长描写人物的心理活动。现在需要你虚构一篇500字左右的推理小说，要求剧情紧凑，结局出乎意料 ← 输入

图 5-29　输入相应的提示词描述

步骤02 按【Enter】键确认，即可让 ChatGPT 以推理小说家的身份编写一篇推理小说，如图 5-30 所示。

ChatGPT

在一座被浓雾笼罩的小镇上，有一个古老的庄园。在一个寒冷的冬夜，庄园主人，中年富商哈罗德被发现死在自己的书房里。案发现场没有任何破门痕迹，房间内只有一把锁着的保险柜，里面贮藏着哈罗德的珍贵收藏。警方初步判断为自杀，但著名侦探艾米丽却对此提出了质疑。

艾米丽开始调查哈罗德的家人和朋友。哈罗德的妻子伊莎贝尔表现出深深的悲痛，但她的眼神中却透露着一丝松了口气的感觉。哈罗德的儿子丹尼尔则显得异常焦躁，一直在回避与死亡有关的话题。哈罗德的朋友和生意伙伴马克表现得异常冷静，仿佛事不关己。

在调查过程中，艾米丽发现了一个重要线索：哈罗德最近似乎与一位神秘女子有过联系。通过进一步的调查，艾米丽得知这位女子是哈罗德的旧情人，而且她在案发前夕曾来到庄园。

就在艾米丽即将查清真相之际，一个意外的发现颠覆了整个案件：在保险柜中，艾米丽发现了一封哈罗德留下的信，信中透露了一个惊人的真相。哈罗德的死并非自杀，也不是他人所为。他患有一种罕见的疾病，知道自己时日无多，于是决定在自己的书房安静地离开这个世界。

这个故事虽然没有惊心动魄的谋杀案，却以其出乎意料的结局引人深思。通过精心布置的线索和人物的心理描写，艾米丽以其敏锐的洞察力揭露了哈罗德的内心世界，同时也展现了人性的复杂与微妙。在这个故事中，最大的谜团不是死亡的方式，而是生命的意义和尊严。

图 5-30　ChatGPT 编写推理小说示例

5.5.3 编写现实小说

扫码看教学视频

现实小说是指取材于现实生活，并如实反映客观现实的文学体裁。这类小说并非像纪录片一样将生活中正在发生的事原原本本地

记录下来，而是力求客观地再现典型环境中的典型人物，从典型中窥探、反映出现实。

用户运用 ChatGPT 生成现实小说，重在让 ChatGPT 刻画出丰满的人物，描述事件、环境的细节，必要时可以采用指令模板进行提问，具体的操作方法如下。

步骤01 在 ChatGPT 的输入框内输入相应的提示词，赋予 ChatGPT 作家的身份，如图 5-31 所示。

你的角色是一名作家，擅长从现实生活中取材来虚构故事。现在需要你根据关键词来虚构一篇500字左右的小说，关键词为电脑、办公桌、咖啡

输入

图 5-31 输入相应的提示词描述

步骤02 按【Enter】键确认，即可让 ChatGPT 以作家的身份编写一篇现实小说，如图 5-32 所示。

ChatGPT

在一座繁忙的城市中，有一个名叫艾伦的年轻程序员。他的生活几乎围绕着三样东西：电脑、办公桌和咖啡。艾伦的办公桌总是乱糟糟的，上面摆满了书籍、笔记和无数的电子设备，中间却总有一杯热腾腾的咖啡。

艾伦工作于一家初创科技公司，每天都要面对紧张的工作压力和无休止的代码。咖啡成了他不可或缺的能量来源。他的生活似乎就是一连串重复的日常：编程、喝咖啡、再编程。

然而，有一天，艾伦在午夜加班时遭遇了电脑故障。重要的项目文件似乎无法恢复。这个突如其来的打击让艾伦感到前所未有的绝望。但就在这个时候，他的咖啡杯意外打翻，洒在了一堆乱七八糟的纸张上。

艾伦准备清理这一团糟时，他注意到了被咖啡浸湿的一张纸上的图案。咖啡不规则地蔓延，形成了一幅奇异的图形。这个意外的图案启发了艾伦，他突然想到了解决电脑问题的新方法。

在接下来的几个小时里，艾伦忘记了时间，全身心投入到了解决问题中。他利用咖啡图案中的灵感，创造了一种新的数据恢复算法。夜深人静时，他终于成功恢复了丢失的文件，还意外地提升了数据处理的效率。

第二天，艾伦把这个经历告诉了他的同事和老板。他们对艾伦的创新和坚持表示赞赏，并决定应用这一新技术到其他项目中。艾伦的名声因此在公司迅速上升，他也开始被看作是一个创新者。

这个故事告诉我们，即使在看似重复和乏味的日常中，也可能隐藏着改变一切的灵感。有时候，就连一杯咖啡也能成为引发创造性思考的源泉。对艾伦来说，电脑、办公桌和咖啡不再只是日常工作的组成部分，而是他人生转折点的象征。

图 5-32 ChatGPT 编写现实小说示例

5.5.4 编写历史小说

扫码看教学视频

历史小说是一种以虚构或改编历史故事为题材的文学体裁，其通过虚构或刻画历史人物或事件来再现某一历史时期的生活面貌和发展状况，用户可以使用 ChatGPT 来创作以历史为背景的小说，结合 ChatGPT 的语言生成能力和对历史知识的理解，产生吸引人且内容丰富的故事。下面介绍具体的操作方法。

步骤 01 在 ChatGPT 的输入框内输入相应的提示词，赋予 ChatGPT 作家的身份，如图 5-33 所示。

你的角色是一名作家，擅长改编历史故事。现在需要你根据"三顾茅庐"这一历史事件，进行合理地虚构或改编，创作一篇500字左右的历史小说

输入

图 5-33 输入相应的提示词描述

步骤 02 按【Enter】键确认，即可让 ChatGPT 以作家的身份编写一篇历史小说，如图 5-34 所示。

ChatGPT

在三国时期，刘备三次造访隐居在隆中的卧龙诸葛亮，历史上这一事件被称为"三顾茅庐"。但在我的故事中，这一事件有了些许不同的转折。

刘备第一次造访时，诸葛亮并未在家。刘备留下了一封诚挚的信，表达了自己对诸葛亮才华的敬仰和邀请他出山辅佐的愿望。然而，诸葛亮并未立即回应。在这个故事里，诸葛亮不仅仅是一个隐居的智者，他还有一个不为人知的身份———一位热衷于天文学研究的学者。

刘备第二次造访时，诸葛亮在家，但他并没有直接见刘备。他留下一道机智的谜题，告诉刘备只有解开谜题，才能见到他。这个谜题与天文学有关，刘备费尽心思，终于解开了这一谜题。但当他兴奋地返回诸葛亮的家时，发现诸葛亮已经外出旅行去了。

在诸葛亮外出旅行的这段时间里，他正在追寻一个天文现象的秘密。他相信这个秘密能够为治理国家提供灵感。而在刘备的第三次造访时，诸葛亮终于回到了家中，并决定见刘备。

在这次会面中，诸葛亮不仅分享了他对天文的见解，还将这些知识与治理国家的智慧结合起来。他对刘备说："观察天文，可以理解宇宙的秩序；理解秩序，可以明白治国之道。"他的话深深打动了刘备，也让刘备认识到了诸葛亮不仅仅是一个智者，更是一个能将天文学知识应用于实际的卓越人才。

这样的诸葛亮，既是一个隐世的智者，又是一个对天文学充满热情的学者，他的才华不仅仅局限于智谋，还包括对自然科学的深刻理解。这个改编的故事不仅讲述了"三顾茅庐"的历史事件，还赋予了诸葛亮更加丰富和立体的人物特征，展现了他作为一位全面的智者的形象。

图 5-34 ChatGPT 编写历史小说示例

【AI绘画篇】

第 6 章　快速上手：熟悉使用 DALL·E 3 绘画

　　DALL·E 3 是由 OpenAI 开发的第三代 DALL·E 图像生成模型，它能够将文本提示作为输入，生成新图像作为输出。本章将向大家详细介绍 DALL·E 3 的使用方法与技巧，并将 DALL·E 3 与 Midjourney 作比较，帮助大家更快地了解 DALL·E 3。

6.1　使用 DALL·E 3 绘画的方式

2021 年 1 月，OpenAI 发布了第一代 DALL·E 模型，它能够利用深度学习技术，理解输入的文字提示，并据此创造出符合描述的独特图片。如今，OpenAI 已经发布了第三代的 DALL·E，也就是 DALL·E 3，并承诺与 ChatGPT 集成。本节将介绍 3 种使用 DALL·E 3 绘画的方法，帮助大家快速掌握 DALL·E 3。

6.1.1　在 GPTs 商店中查找

扫码看教学视频

GPTs 是 OpenAI 推出的自定义版本的 ChatGPT，用户通过 GPTs 能够根据自己的需求和偏好，创建一个完全定制的 ChatGPT。无论是要一个能帮忙梳理电子邮件的助手，还是一个随时提供创意灵感的伙伴，GPTs 都能让这一切变成可能。

简而言之，GPTs 允许用户根据特定需求创建和使用定制版的 GPT 模型，这些定制版的 GPT 模型被称为 GPTs，而 DALL·E 是 ChatGPT 官方推出的 GPTs，我们只需在 GPTs 商店中找到 DALL·E 便可直接使用。下面介绍具体的操作方法。

步骤01 在 ChatGPT 主页的侧边栏中，单击 Explore GPTs（探讨 GPTs）按钮，如图 6-1 所示。

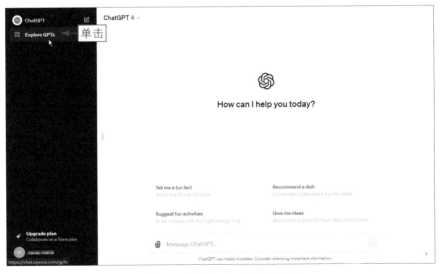

图 6-1　单击 Explore GPTs 按钮

步骤 02 进入 GPTs 页面，用户可以在此选择自己想要添加的 GPTs，也可以直接在搜索框中输入 GPTs 的名称快速找到 GPSs，例如在输入框中输入 DALL・E，如图 6-2 所示。

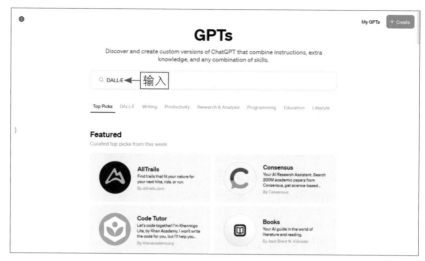

图 6-2　在输入框中输入 DALL・E

步骤 03 在弹出的列表框中选择 DALL・E 选项，如图 6-3 所示。

图 6-3　选择 DALL・E 选项

步骤 04 跳转至新的 ChatGPT 页面，此时我们正处在 DALL・E 的操作界面中，单击左上方 DALL・E 旁边的下拉按钮 ﹀，在弹出的下拉列表中选择 Keep in sidebar（保留在侧边栏）选项，如图 6-4 所示。

图 6-4 选择 Keep in sidebar 选项

步骤05 执行操作后，即可将DALL·E保留在侧边栏中，方便我们下次使用，如图 6-5 所示。

图 6-5 将 DALL·E 保留在侧边栏中

步骤06 在下方的输入框中输入提示词，如"一只戴着墨镜的小狗躺在海滩上晒太阳"，如图 6-6 所示。

图 6-6 输入相应的提示词描述

113

步骤07 按【Enter】键确认，即可发送提示词，稍等片刻 DALL・E 将根据用户提供的提示词生成相应的图片，效果如图 6-7 所示。

图 6-7　DALL・E 根据提示词生成图片

6.1.2　使用 Image Creator

Image Creator（图像创建器）是微软公司基于 AI 开发的新型艺术生成工具，现已在 Microsoft Bing（微软必应）中提供，由 OpenAI 的 DALL・E 3 提供技术支持，允许用户根据自然语言描述创建原始图像。下面介绍具体的使用方法。

扫码看教学视频

步骤01 进入 Image Creator 的网站，单击"加入和创建"按钮，如图 6-8 所示。

图 6-8　单击"加入和创建"按钮

步骤02 进入 Image Creator 的登录页面，输入相应的微软账号，然后单击"下一步"按钮，如图 6-9 所示。如果用户没有微软账号，可以单击"没有账户？创建一个！"按钮，即可创建微软账号。

步骤03 输入相应的密码，然后单击"登录"按钮，如图 6-10 所示。

图 6-9　单击"下一步"按钮　　　　图 6-10　单击"登录"按钮

步骤04 登录账号后，进入 Image Creator 的操作界面，在输入框中输入相应的提示词，如"请生成一张城市夜景图"，然后单击"创建"按钮，如图 6-11 所示。

图 6-11　单击"创建"按钮

★ 专 家 提 醒 ★

在输入框旁边显示当前剩余的积分 🎫，每次生成图像都会消耗 1 点积分，新创建的账号会赠送 25 点积分，当积分被耗尽时，Image Creator 的生成速度会下降。

步骤05 稍等片刻，Image Creator 将根据用户提供的提示词生成 4 张城市夜景图，效果如图 6-12 所示。

图 6-12　Image Creator 生成 4 张城市夜景图

步骤06 单击第 1 张图片，即可将图片放大预览，并在图片的右边显示该图的提示词和生成日期，如图 6-13 所示。用户可以在该页面当中对生成的图像进行共享、保存、下载、反馈等操作。

图 6-13　进入将图片放大预览后的页面

6.1.3 使用 Copilot 聊天机器人

扫码看教学视频

Copilot 是微软公司基于 OpenAI 的 ChatGPT 技术开发的新一代搜索引擎，它搭载了 GPT-4 模型，不仅可以利用 Bing 搜索引擎的能力，提供更准确、更全面、更有用的答案，还能通过 DALL·E 3 模型生成图片。

Copilot 虽然不及 ChatGPT 功能强大，但却更容易上手，是目前使用门槛最低的 DALL·E 3 模型渠道。下面介绍具体的操作方法。

步骤01 首先打开 Microsoft Edge（微软浏览器），进入 Copilot 网站，单击右上角的"登录"按钮，如图 6-14 所示。

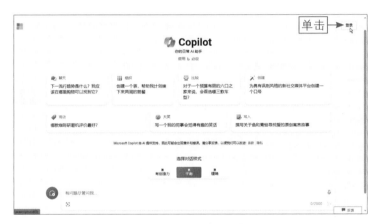

图 6-14 单击"登录"按钮

步骤02 在弹出的下拉列表中，选择"使用个人账户登录"选项，如图 6-15 所示。

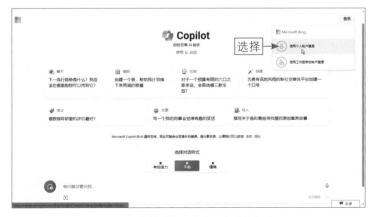

图 6-15 选择"使用个人账户登录"选项

117

步骤 03 进入登录页面，在输入栏中输入相应的账号，然后单击"下一步"按钮，如图 6-16 所示。

步骤 04 接着再输入密码，然后单击"登录"按钮，即可完成账号的登录，如图 6-17 所示。

图 6-16　单击"下一步"按钮　　　图 6-17　单击"登录"按钮

步骤 05 回到 Copilot 的主页，在"选择对话样式"选项区中，选择"有创造力"选项，如图 6-18 所示，即可使 Copilot 开启 DALL · E 3 图像生成功能。

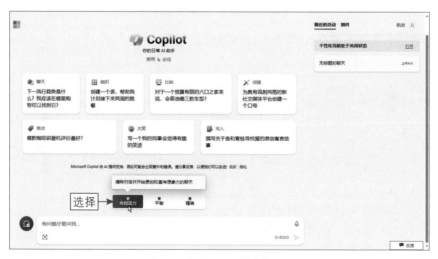

图 6-18　选择"有创造力"选项

步骤 06 在下方的输入框中输入相应的提示词，如"请生成一张图片，图片中的男人正在认真地工作", 如图 6-19 所示。

图 6-19　输入相应的提示词

步骤 07 按【Enter】键确认, 随后 Copilot 将根据用户提供的提示词, 生成相应的图片, 效果如图 6-20 所示。

图 6-20　Copilot 生成的图片

步骤 08 单击第 1 张图片, 即可将图片放大预览, 并在图片的右边显示该图片的提示词和生成日期, 如图 6-21 所示。用户可以在该页面当中对生成的图片进行共享、下载、反馈等操作。

图 6-21　将图片放大预览后的页面

6.2　DALL · E 3 的图像生成能力

　　DALL · E 3 拥有非常强大的图像生成能力，可以根据文本提示词生成各种风格的高质量图像。OpenAI 表示，DALL · E 3 比以往的系统更能理解细微差别和细节，让用户更加轻松地将自己的想法转化为非常准确的图像。本节将从两个方面介绍 DALL · E 3 的图像生成能力，让用户对 DALL · E 3 更加了解。

6.2.1　提示词执行能力

　　DALL · E 3 生成的图片在图像质量和细节上都表现得十分优秀，除此之外，DALL · E 3 还具有强大的提示词执行能力。据官方介绍，用户只需输入相应的提示词，DALL · E 3 便可以生成完全符合提示词的图像，效果如图 6-22 所示。

扫码看教学视频

图 6-22　DALL · E 3 根据提示词生成的图像效果

　　下面将举例展示 DALL · E 3 的提示词执行能力。

　　步骤01 打开 ChatGPT，进入 DALL · E 的操作界面，在输入框内输入相应的提示词，如"一幅水墨速写风格的插画，一只小猪用它的手拿着一块西瓜，闭着眼睛高兴地咬了几口"，如图 6-23 所示。

> 　　一幅水墨速写风格的插画，一只小猪用它的手拿着一块西瓜，闭着眼睛高兴地咬了几口　　　　　输入

图 6-23　输入相应的提示词描述

步骤02 按【Enter】键确认，随后 DALL·E 将根据用户提供的提示词，生成相应的图片，如图 6-24 所示。

图 6-24　DALL·E 根据提示词生成两张图片

步骤03 单击第 1 张图片，进入放大预览状态，单击右上角的下载按钮⤓，如图 6-25 所示。

图 6-25　单击下载按钮⤓

步骤04 弹出"另存为"对话框，选择合适的保存位置，单击"保存"按钮，如图 6-26 所示，即可保存图片。用同样的方法可以将另一张图片一并保存。

图 6-26　单击"保存"按钮

★ 专 家 提 醒 ★

可以看出 DALL・E 3 能很好地理解"闭着眼睛高兴地咬了几口"这样自然的语言，并准确呈现出对应的形象细节。

6.2.2　提示词处理能力

扫码看教学视频

DALL・E 3 不仅拥有强大的提示词执行能力，在处理复杂的提示词方面也展现了非常出色的效果。在处理更长更复杂的提示词时，DALL・E 3 可以在画面中完整地呈现提示词中的各类元素和特征，效果如图 6-27 所示。

图 6-27　DALL・E 3 根据复杂的提示词生成的图像效果

下面将举例展示 DALL·E 3 的提示词处理能力。

步骤01 在 DALL·E 的输入框内输入较为复杂的提示词，如图 6-28 所示。

在一座宏伟的中世纪城堡的内部，一个大型的木质长桌占据了中心位置。桌上摆放着一支点燃的蜡烛，发出柔和的光芒，照亮了周围的空间。地面上铺着一块精致的地毯，上面绘有复杂的图案和装饰。整个幽暗的场景沐浴在蜡烛的暖黄色光芒中，反映出中世纪风格的优雅与古典。墙壁上挂着壁炉，四周装饰着中世纪的艺术品和装饰品。这个场景应该给人一种历史的深度和时代的韵味 ← 输入

图 6-28　输入相应的提示词描述

步骤02 按【Enter】键确认，随后 DALL·E 将根据用户提供的提示词，生成相应的图片，如图 6-29 所示。

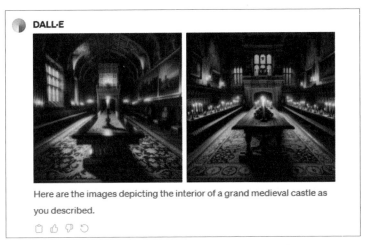

Here are the images depicting the interior of a grand medieval castle as you described.

图 6-29　DALL·E 根据提示词生成的两张图片

步骤03 用与上一例相同的方法保存图片，即可完成操作。

★ 专 家 提 醒 ★

可以看出，尽管是复杂冗长的提示词，DALL·E 3 依然能够理解，并根据提示词准确呈现出对应的画面细节。需要注意的是，更长的提示词也意味着需要更多的 GPU 处理时间，所以等待出图的时间也就更长。

6.3　DALL·E 3 与 Midjourney 的比较

DALL·E 3 作为优秀的 AI 绘画工具，用户在使用的过程中，难免会拿来跟别的 AI 绘画工具去做比较，而其中最为人熟知的便是 Midjourney。

Midjourney 是一个由位于美国加州旧金山的同名研究实验室开发的人工智能程序，它专注于图像生成，用户只需提供文字描述，就可以使 Midjourney 通过深度学习和其他先进的算法和技术，利用这些描述来生成相应的图像。

DALL·E 3 和 Midjourney 都是强大的 AI 绘画工具，但它们在生成的图像效果上有一些区别。本节将举例分析 DALL·E 3 与 Midjourney 有哪些不同之处，让用户对 AI 绘画的掌握更上一层楼。

6.3.1　提示词的准确性

使用 AI 绘画工具生成图像的核心在于描述图像的提示词，用户所使用的提示词会直接影响生成的画面，在生成图像的过程中，AI 绘画工具对提示词的准确性要求是很高的。下面我们将使用相同的关键词，通过 DALL·E 3 和 Midjourney 的比较，观察两个 AI 绘画工具在提示词的准确性方面有哪些不同。

扫码看教学视频

步骤01 在 DALL·E 的输入框内输入相应的提示词，如"动漫，乡村，田野，小路，壁纸，风景，32k uhd 的风格，绿色和蓝色，浪漫的乡村生活，山景，准确而详细，地平线"，如图 6-30 所示。

输入　动漫，乡村，田野，小路，壁纸，风景，32k uhd的风格，绿色和蓝色，浪漫的乡村生活，山景，准确而详细，地平线

图 6-30　输入相应的提示词描述（1）

步骤02 按【Enter】键确认，随后 DALL·E 将根据用户提供的提示词，生成相应的图片，如图 6-31 所示。

图 6-31　DALL·E 根据提示词生成的图片

步骤03 接下来运用 Midjourney 使用相同的提示词生成图片，由于 Midjourney 需要使用英文提示词，所以我们需要将提示词翻译成英文。在 Midjourney 中通过 imagine（想象）指令输入翻译成英文的提示词，如图 6-32 所示。

图 6-32　输入相应的提示词描述（2）

步骤04 按【Enter】键确认，随后 Midjourney 将根据用户提供的提示词，生成相应的图片，如图 6-33 所示。

图 6-33　Midjourney 根据提示词生成的图片

★ 专家提醒 ★

通过两者的对比，可以看出 DALL·E 生成的图片效果更贴合提示词的描述，而 Midjourney 生成的图片效果更加具有艺术性。

需要注意的是，DALL·E 目前仅支持生成 1024×1024 像素、1792×1024 像素以及 1024×1792 像素这 3 个尺寸的图片，用户可以根据自身需求去改变图片的尺寸。

6.3.2　画面的细节程度

AI 图像通常会展现出高度的细节，包括纹理、材质和光影效果等，我们可以通过这些细节对 DALL·E 与 Midjourney 进行对比。下面我们将使用相同且复杂的关键词，通过 DALL·E 3 和 Midjourney 的比较，观察

扫码看教学视频

两个 AI 绘画工具在画面的细节程度上有哪些不同。

步骤01 在 DALL·E 的输入框内输入相应的提示词，如"一张雪山与雄伟山峰的照片，鸟瞰图，高精度，自然光照，凉爽的调色板，逼真的渲染，照片逼真的风景的风格，山河景观，自然光，日落光，鲜艳的颜色，浅棕色和靛蓝"，如图 6-34 所示。

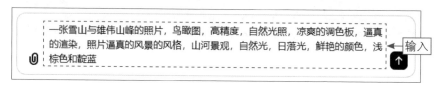

一张雪山与雄伟山峰的照片，鸟瞰图，高精度，自然光照，凉爽的调色板，逼真的渲染，照片逼真的风景的风格，山河景观，自然光，日落光，鲜艳的颜色，浅棕色和靛蓝 ← 输入

图 6-34　输入相应的提示词描述（1）

步骤02 按【Enter】键确认，随后 DALL·E 将根据用户提供的提示词，生成相应的图片，如图 6-35 所示。

图 6-35　DALL·E 根据提示词生成的图片

步骤03 接下来运用 Midjourney 使用相同的提示词生成图片，在 Midjourney 中通过 imagine 指令输入翻译成英文的提示词，如图 6-36 所示。

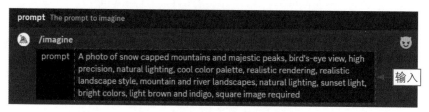

prompt The prompt to imagine

/imagine

prompt A photo of snow capped mountains and majestic peaks, bird's-eye view, high precision, natural lighting, cool color palette, realistic rendering, realistic landscape style, mountain and river landscapes, natural lighting, sunset light, bright colors, light brown and indigo, square image required ← 输入

图 6-36　输入相应的提示词描述（2）

步骤04 按【Enter】键确认，随后 Midjourney 将根据用户提供的提示词，生成相应的图片，如图 6-37 所示。

图 6-37　Midjourney 根据提示词生成的图片

★ 专 家 提 醒 ★

根据对比来看，Midjourney 生成的图片细节比较丰富，而 DALL・E 生成的图片色彩较为鲜艳，比较有层次感。

6.3.3　描绘场景的能力

扫码看教学视频

　　AI 可以根据输入的描述或参数快速生成虚拟场景，我们可以使用 DALL・E 与 Midjourney 实现这个功能，通过二者的对比，观察它们在描绘场景的能力上有哪些不同。下面介绍具体的操作方法。

步骤01 在 DALL・E 的输入框内输入相应的提示词，如"请绘制一幅下雨天的小路风景摄影照片。画面中展现一条湿漉漉的石板路，路旁的一侧种植着盛开的樱花树，粉色花瓣随风飘落，落在湿润的路面上"，如图 6-38 所示。

> 请绘制一幅下雨天的小路风景摄影照片。画面中展现一条湿漉漉的石板路，路旁的一侧种植着盛开的樱花树，粉色花瓣随风飘落，落在湿润的路面上　　　　**1** 输入

图 6-38　输入相应的提示词描述

步骤02 按【Enter】键确认，随后 DALL・E 将根据用户提供的提示词，生成相应的图片，如图 6-39 所示。

图 6-39　DALL·E 根据提示词生成的图片

步骤 03 接下来运用 Midjourney 使用相同的提示词生成图片，在 Midjourney 中通过 imagine 指令输入翻译成英文的提示词，生成的效果如图 6-40 所示。

图 6-40　Midjourney 根据提示词生成的图片

★ 专家提醒 ★

根据对比可以看出，DALL·E 生成的场景更加精细，整个画面也更加唯美，路面上的光影效果更加突出，而 Midjourney 则更注重樱花的描绘，对雨景的效果也展现得十分细腻。

第 7 章　高级玩法：探索 DALL·E 3 更多可能性

　　DALL·E 3 能够根据用户提供的提示词来生成图片，因此在输入提示词时使用一些技巧，能够帮助 DALL·E 3 生成更符合用户预期的图片，大幅提高绘画的效率。本章将详细介绍提升 DALL·E 3 提示词的技巧，并讲解使用种子值改变图片的方法。

7.1 提升 DALL·E 3 提示词的技巧

DALL·E 3 可以根据用户提供的提示词生成相应的图片，并且具有很强的提示词执行能力。因此，在使用提示词生成图片时，我们可以使用一些技巧，来提升 DALL·E 3 的出图品质。本节将详细介绍提升 DALL·E 3 提示词的技巧，帮助用户更加顺利地生成符合预期的图片。

7.1.1 更具体的描述

扫码看教学视频

用户在使用提示词生成图片时，可以提供想要生成对象的详细描述，包括外观、特征、颜色及形状等。例如，在编写提示词时，使用"一只粉色的大象，有着长长的鼻子和大大的耳朵"，而不仅仅是"一只大象"。下面介绍具体的操作方法。

步骤 01 在 DALL·E 的输入框内输入相应的提示词，如"一只长毛猫，毛茸茸的，有着灰色的被毛，趴在窗户旁边，窗外是下雨的天气"，如图 7-1 所示。

图 7-1　输入相应的提示词描述

步骤 02 按【Enter】键确认，随后 DALL·E 将根据用户提供的提示词，生成相应的图片，如图 7-2 所示。

图 7-2　DALL·E 根据提示词生成图片

可以看到，提供尽可能详细和清晰的提示词，可以使模型能够更好地理解并按照用户的要求生成图片。

7.1.2　指定特定场景

用户可以通过指定特定的场景，引导模型生成与描述相符的图片，使其更加细致、生动和贴近用户的需求。这种方法对于创作需要特定背景或情境的图片，以及用于视觉故事叙述的图片生成非常有用。下面介绍具体的操作方法。

扫码看教学视频

步骤01 在DALL·E的输入框内输入相应的提示词，如"一个繁忙的都市十字路口，红绿灯亮起，汽车在街道上行驶，行人穿梭"，如图7-3所示。

输入 🔗 一个繁忙的都市十字路口，红绿灯亮起，汽车在街道上行驶，行人穿梭 ↑

图7-3　输入相应的提示词描述

步骤02 按【Enter】键确认，随后DALL·E将根据用户提供的提示词，生成相应的图片，如图7-4所示。

图7-4　DALL·E根据提示词生成的图片

以上提示词包含诸如十字路口、红绿灯等方面的细节描述，通过这些描述，DALL·E可以更好地理解用户所期望的街道图片，并生成符合要求的图片。

7.1.3 添加情感动作

用户可以通过在提示词中添加情感和动作描述，引导人工智能模型生成更富有情感和故事性的图像，使其中的元素不仅是静态的物体，还能够传达出情感、生动感和互动性。这种方法对于生成需要表达情感或讲述故事的图片非常有用，例如广告、艺术创作和娱乐产业。

步骤01 在 DALL · E 的输入框内输入相应的提示词，如"一个年轻的女孩在夏日的花园里跑来跑去，她的笑容灿烂，手里拿着气球，背景是鲜花盛开的景色，阳光洒在她身上"，如图 7-5 所示。

图 7-5　输入相应的提示词描述

步骤02 按【Enter】键确认，随后 DALL · E 将根据用户提供的提示词，生成相应的图片，如图 7-6 所示。

图 7-6　DALL · E 根据提示词生成的图片

以上提示词描述了一个令人愉悦、充满活力的场景，其中有一个女孩在夏天的花园里奔跑，她手持气球，背景是美丽的花朵和明媚的阳光。通过这个描述，DALL · E 可以理解生成图片所需的情感、动作和环境，以呈现出一个生动的场景。

扫码看教学视频

7.1.4 引入背景信息

用户可以通过引入背景信息，引导人工智能模型生成更加细致、丰富和情感丰富的图片，描述图片中事件发生的地点或时间，这可以包括场景的位置（城市、乡村、室内、室外等）、季节（春天、夏天、秋天、冬天）、天气状况（晴天、雨天、雪天）等。引入背景信息有助于模型理解生成图片的上下文，并使图片更具情感和氛围。下面介绍具体的操作方法。

步骤01 在 DALL·E 的输入框内输入相应的提示词，并在提示词中引入背景信息，如图 7-7 所示。

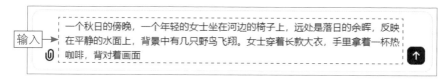

图 7-7 输入相应的提示词描述

步骤02 按【Enter】键确认，随后 DALL·E 将根据用户提供的提示词，生成相应的图片，如图 7-8 所示。

图 7-8 DALL·E 根据提示词生成的图片

以上提示词描述了一个秋天的场景，其中包括女士的外貌、服装、动作，以及环境和季节等细节，通过这些提示词，DALL·E 可以理解用户期望的情感和氛围，并生成富有细节和情感的图片。

7.1.5 使用具体数量

使用具体的数量是一种生成图像的提示方法，它通过指定图像中的物体数量，帮助人工智能模型更好地理解生成图像的要求。

这种方法涉及提供图像中出现的物体、人物或元素的具体数量。数量可以是整数，例如1、2、3等，也可以是其他描述性的词语，如"一对""三群"等，数量描述可以使生成的图像更加具体和清晰。下面介绍具体的操作方法。

步骤 01 在DALL · E的输入框内输入相应的提示词，并在提示词中加入具体的数量，如图7-9所示。

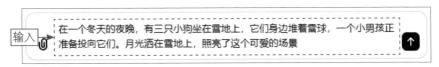

输入　在一个冬天的夜晚，有三只小狗坐在雪地上，它们身边堆着雪球，一个小男孩正准备投向它们。月光洒在雪地上，照亮了这个可爱的场景

图 7-9　输入相应的提示词描述

步骤 02 按【Enter】键确认，随后DALL · E将根据用户提供的提示词，生成相应的图像，如图7-10所示。

图 7-10　DALL · E根据提示词生成的图像

以上提示词描述了一个具体的场景，其中包括3只小狗和1个小男孩，还描述了时间和环境的背景信息。通过这些描述，DALL · E可以理解生成图像时所需的元素数量和情景，以呈现出一个明确数量的、生动的场景。

7.1.6 提供视觉比喻

当用户在使用提示词生成图像时，可以输入例如"像星星一样闪烁的彩虹"这样使用比喻性语言的描述，帮助 DALL·E 更好地理解和呈现出具有特定视觉效果和情感的图像。通过视觉比喻来描述用户的需求，可以帮助模型更好地理解并生成相关图像。下面介绍具体的操作方法。

步骤01 在 DALL·E 的输入框内输入相应的提示词，如"创造一个城市景观，高楼大厦点缀着闪亮的灯光，每一盏灯都像是夜空中闪烁的星星，城市的街道犹如星系间的道路，一切都充满了神秘与壮丽"，如图 7-11 所示。

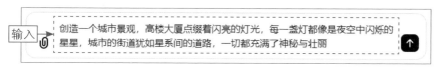

图 7-11 输入相应的提示词描述

步骤02 按【Enter】键确认，随后 DALL·E 将根据用户提供的提示词，生成相应的图像，如图 7-12 所示。

图 7-12 DALL·E 根据提示词生成的图像

以上提示词使用了视觉比喻，将城市景观与星星、星系和宇宙相比较，以更生动地描述城市的灯光和夜景。通过这个描述，模型可以更好地理解用户希望生成的图像应具有的视觉效果和情感氛围。

7.2 轻松驾驭生成图像保持一致性

要使生成的图像保持相同的艺术风格需要用到一些特殊的指令，在使用DALL・E生成图像时，使用种子值可以使图像保持一致性。本节将以欧美风格的插画人物为例，介绍使生成的图像保持一致性的方法，帮助用户提高出图效率。

7.2.1 创建图像种子值

若用户希望生成的图像保持一致性，可以向DALL・E获取图片的种子编号，也就是种子值。在生成一系列图像时，可以通过使用相同的种子值来确保它们在某些方面（如风格、色调、纹理）保持一致，即使使用不同的提示词，也会生成风格相同的图像。下面介绍具体的操作方法。

步骤01 在DALL・E的输入框内输入相应的提示词，并让DALL・E提供图像的种子值，如"请生成一张图片并附带上该图片的种子值：一位30岁美国女性的插图肖像，她的卷曲波浪卷发被梳成发髻，穿着蓝色T恤"，如图7-13所示。

图 7-13　输入相应的提示词描述

步骤02 按【Enter】键确认，随后DALL・E将根据用户提供的提示词，生成相应的图像，并提供了图像的种子值，如图7-14所示。

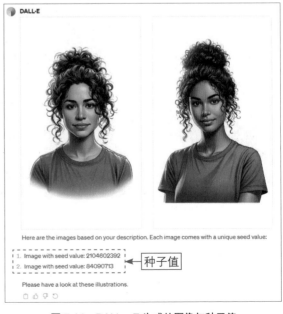

图 7-14　DALL・E生成的图像与种子值

7.2.2　更改画面角色

使用种子值可以让图像在保持整体风格和主题一致的基础上做出一系列的变化，并且保持图像中角色的一致性。例如，使用种子值让 DALL·E 更改画面中角色的元素，比如服装、表情等。下面介绍具体的操作方法。

步骤01 在与上一例相同的聊天窗口中继续输入相应的提示词，并提供上一例中第 2 张图像的种子值，如图 7-15 所示。

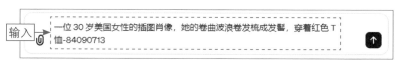

输入｜一位 30 岁美国女性的插图肖像，她的卷曲波浪卷发梳成发髻，穿着红色 T 恤-84090713

图 7-15　输入相应的提示词描述

步骤02 按【Enter】键确认，随后 DALL·E 将根据提示词与种子值，在保持原图风格的基础上产生一些变化，将 T 恤的颜色从蓝色变为了红色，如图 7-16 所示。

步骤03 接下来我想让画面中的角色笑起来，可以在原有的提示词与种子值的基础上再次添加描述，例如输入"微笑着"，然后按【Enter】键确认，图像再次发生变化，可以看到画面中角色的表情发生了改变，如图 7-17 所示。

图 7-16　DALL·E 生成的图像与种子值

图 7-17　画面中角色的表情发生变化

7.2.3 添加画面场景

扫码看教学视频

接下来我们利用种子值给画面添加场景，通过添加新的描述，使画面中的角色在保持不变的情况下，添加一个场景。下面介绍具体的操作方法。

步骤01 在 DALL·E 的输入框内输入与上一例相同的提示词与种子值，然后在提示词的后面添加画面场景的描述，如"在下雨的街道上"，如图 7-18 所示。

一位 30 岁美国女性的插图肖像，她的卷曲波浪卷发梳成发髻，穿着红色 T 恤，
添加~~~~在下雨的街道上~84090713

图 7-18　添加画面场景的描述

步骤02 按【Enter】键确认，即可在角色不发生改变的情况下，给画面添加场景，效果如图 7-19 所示。

图 7-19　给画面添加场景

7.2.4 改变人物动作

通过种子值能够确保多次生成的图像保持一定程度的相似性和连贯性，我们可以利用此方法改变图中人物的动作，通过调整人物动作的方式增强故事的表现力和情感深度。下面介绍具体的操作方法。

步骤01 在 DALL·E 的输入框内输入与上一例相同的提示词与种子值，然后在提示词的后面添加对人物动作的描述，如"手里端着咖啡"，如图 7-20 所示。

一位30岁美国女性的插图肖像，她的卷曲波浪卷发梳成发髻，穿着红色 T 恤，微笑着，在下添加上手里端着咖啡 84090713

图 7-20 添加人物动作的描述

步骤02 按【Enter】键确认，即可在不改变背景的情况下，改变画面中人物的动作，效果如图 7-21 所示。

图 7-21 改变人物的动作

7.2.5　变换画面场景

使用跟上一例相同的种子值变换画面的场景。例如将"在下雨的街道上"改为"在雪山上"，而随着场景的变换，其他的提示词也要稍作修改，例如将"穿着红色T恤"改为"穿着灰色的羽绒服，戴了一条围巾"；再将"手里端着咖啡"改为"背着绿色背包"。下面介绍具体的操作方法。

步骤01 在DALL·E的输入框内输入上一例的提示词和种子值，然后对提示词进行修改，如图7-22所示。

输入 一位30岁美国女性的插图肖像，她的卷曲波浪卷发梳成发髻，穿着灰色的羽绒服，戴了一条围巾，微笑着，在雪上上，背着绿色背包-84090713

图 7-22　修改提示词描述

步骤02 按【Enter】键确认，即可变换画面中的场景，并改变人物的服装与动作，效果如图7-23所示。

图 7-23　变换画面场景

步骤 03 除了用以上方法来通过种子值使画面发生变化，还可以直接输入种子值来改变，如图 7-24 所示。

图 7-24　输入相应的提示词

步骤 04 按【Enter】键确认，即可使用第 2 种方法使图像在保持一致性的同时发生变化，效果如图 7-25 所示。

图 7-25　图像发生变化

第 8 章　绘画指令：使用提示词提高绘画的效率

在使用 DALL·E 3 生成图像时，用户需要输入一些与所需绘制内容相关的提示词，也就是"绘画指令"，以帮助 DALL·E 3 更好地定位主体和激发创意。本章将介绍一些在 DALL·E 3 中提升出图品质的提示词和获取提示词生成图片的方法，帮助大家快速制作出高质量的 AI 绘画作品。

8.1 增强DALL·E 3出图的渲染品质

渲染品质通常指的是呈现出来的某种图片效果，包括清晰度、颜色还原、对比度和阴影细节等，主要目的是为了使图片看上去更加真实、生动、自然。本节将以案例的形式向用户介绍使用提示词增强DALL·E 3图片渲染品质的方法，进而提升AI绘画作品的艺术感和专业性。

8.1.1 提升照片的摄影感

摄影感（photography）这一提示词在使用DALL·E生成摄影照片时有非常重要的作用，它通过捕捉静止或运动的物体，以及自然景观等，并选择合适的光圈、快门速度、感光度等相机参数来控制DALL·E的出片效果，例如亮度、清晰度和景深程度等，效果如图8-1所示。

扫码看教学视频

图 8-1 添加提示词 photography 生成的图片效果

下面介绍使用DALL·E添加提示词的具体操作方法。

步骤01 在DALL·E的输入框内输入相应的提示词，如"阳光下，樱花满地，毛茸茸的小狗，极致的细节，photography"，如图8-2所示。

输入 阳光下，樱花满地，毛茸茸的小狗，极致的细节，photography

图 8-2 输入相应的提示词描述

步骤02 按【Enter】键确认，随后DALL·E将生成添加提示词 photography

后的图片，效果如图 8-3 所示。照片中的亮部和暗部都能保持丰富的细节，并具有丰富多彩的色调效果。

图 8-3　DALL · E 根据提示词生成的图片效果

8.1.2　逼真的三维模型

扫码看教学视频

在使用 DALL · E 进行 AI 绘画时添加提示词 C4D Renderer（Cinema 4D 渲染器），可以创建出非常逼真的三维模型、纹理和场景，并对其进行定向光照、阴影、反射等效果的处理，从而打造出各种优秀的视觉效果，效果如图 8-4 所示。

图 8-4　添加提示词 C4D Renderer 生成的图片效果

下面介绍使用 DALL·E 添加 C4D Renderer 提示词的具体操作方法。

步骤01 在 DALL·E 的输入框内输入相应的提示词，如"一个 3D 效果的卡通人物，穿着背带裤，可爱梦幻，C4D Renderer"，如图 8-5 所示。

图 8-5 输入相应的提示词描述

步骤02 按【Enter】键确认，随后 DALL·E 将生成添加提示词 C4D Renderer 后的图片，效果如图 8-6 所示。

图 8-6 DALL·E 根据提示词生成的图片效果

★ 专家提醒 ★

C4D Renderer 指的是 Cinema 4D 软件的渲染引擎，它是一种拥有多种渲染选项的三维图形制作软件，包括物理渲染、标准渲染及快速渲染等方式。

8.1.3 制作虚拟场景

扫码看教学视频

Unreal Engine（虚幻引擎）是由 Epic Games 团队开发的虚幻引擎，它能够创建高品质的三维图像，并为游戏、影视和建筑等领域提供了强大的实时渲染解决方案。

在 DALL·E 中，使用提示词 Unreal Engine 可以在虚拟环境中创建各种场景和角色，从而实现高度还原真实世界的画面效果。该提示词主要用于虚拟场景的制作，可以让画面呈现出惊人的真实感，效果如图 8-7 所示。

图 8-7　添加提示词 Unreal Engine 生成的图片效果

下面介绍使用 DALL·E 添加 Unreal Engine 提示词的具体操作方法。

步骤01 在 DALL·E 的输入框内输入相应的提示词，如"一片花海，超高清，风景，云，层次分明，色彩丰富，Unreal Engine"，如图 8-8 所示。

输入　一片花海，超高清，风景，云，层次分明，色彩丰富，Unreal Engine

图 8-8　输入相应的提示词描述

步骤02 按【Enter】键确认，随后 DALL·E 将生成添加提示词 Unreal Engine 后的图片，效果如图 8-9 所示。

DALL·E

Here are the images of a vast field of flowers, designed to resemble a scene created with rich colors and distinct layers, akin to those found in Unreal Engine landscapes.

图 8-9　DALL·E 根据提示词生成的图片效果

8.1.4　提升照片的艺术性

扫码看教学视频

在使用 DALL·E 生成图片时，添加提示词 Quixel Megascans Render（真实感）可以提升 DALL·E 生成图片的艺术性，效果如图 8-10 所示。

图 8-10　添加提示词 Quixel Megascans Render 生成的图片效果

★ 专家提醒 ★

Quixel Megascans 是一个丰富的虚拟素材库，其中的材质、模型、纹理等资源非常逼真，能够帮助用户开发更具个性化的作品。

下面介绍使用 DALL·E 添加提示词的具体操作方法。

步骤01 在 DALL·E 的输入框内输入相应的提示词，如"一个女孩的背影，温柔安静，长发，蓝色长裙，在河边，温柔的阳光，细节清晰，Quixel Megascans Render"，如图 8-11 所示。

图 8-11　输入相应的提示词描述

步骤02 按【Enter】键确认，随后 DALL・E 将生成添加提示词 Quixel Megascans Render 后的图片，效果如图 8-12 所示。

图 8-12 DALL・E 根据提示词生成的图片效果

8.1.5 光线追踪效果

扫码看教学视频

光线追踪（Ray Tracing）这一提示词主要用于实现高质量的图像渲染和光影效果，让 DALL・E 生成的场景更逼真、材质细节表现更好，从而令画面更加优美、自然，效果如图 8-13 所示。

图 8-13 添加提示词 Ray Tracing 生成的图片效果

下面介绍使用 DALL·E 添加 Ray Tracing 提示词的具体操作方法。

步骤01 在 DALL·E 的输入框内输入相应的提示词，如"一条街道，地面被落叶覆盖，金色灯光，一辆自行车驶过，Ray Tracing"，如图 8-14 所示。

图 8-14　输入相应的提示词描述

步骤02 按【Enter】键确认，随后 DALL·E 将生成添加提示词 Ray Tracing 后的图片，效果如图 8-15 所示。

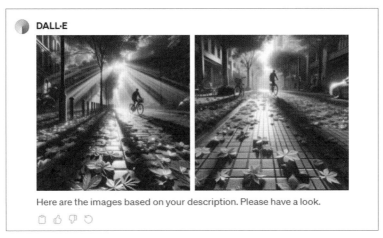

图 8-15　DALL·E 根据提示词生成的图片效果

★ 专家提醒 ★

Ray Tracing 是一种基于计算机图形学的渲染引擎，它可以在渲染场景的时候更为准确地模拟光线与物体之间的相互作用，从而创建更逼真的影像效果。

8.1.6　体积渲染效果

体积渲染（Volume Rendering）主要用于模拟三维空间中的各种物质，在科幻电影和动画制作上特别常见。通过使用 Volume Rendering 渲染技术，可以产生具有高逼真的画面效果，帮助 DALL·E 作品提升视觉美感。

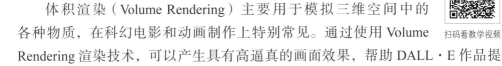

扫码看教学视频

体积渲染在 DALL·E 中常用于创建逼真的烟雾、火焰、水、云彩等元素，使用该提示词可以捕捉和呈现物质在其内部和表面上产生的亮度、色彩和纹理等特征，效果如图 8-16 所示。

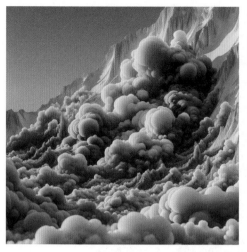

图 8-16　添加提示词 Volume Rendering 生成的图片效果

下面介绍使用 DALL·E 添加 Volume Rendering 提示词的具体操作方法。

步骤01 在 DALL·E 的输入框内输入相应的提示词，如"山上有五颜六色的云，8k 分辨率，轻弹，怪诞的梦境，Volume Rendering"，如图 8-17 所示。

图 8-17　输入相应的提示词描述

步骤02 按【Enter】键确认，随后 DALL·E 将生成添加提示词 Ray Tracing 后的图片效果，如图 8-18 所示。

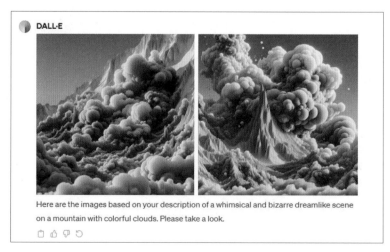

图 8-18　DALL·E 根据提示词生成的图片效果

8.1.7　光线投射效果

扫码看教学视频

使用提示词光线投射（Ray Casting）可以有效地捕捉环境和物体之间的光线交互过程，并以更精确的方式模拟每个像素点的光照情况，实现更为逼真的画面渲染效果，如图8-19所示。通过这种技术，可以创建逼真的场景效果，并在虚拟环境中控制光线、角度、景深等，以产生与真实摄影相似的效果。

图 8-19　添加提示词 Ray Casting 生成的图片效果

★ 专 家 提 醒 ★

Ray Casting 渲染技术通常用于实现全景渲染、特效制作、建筑设计等领域。基于 Ray Casting 渲染技术，能够模拟出各种通量不同、形态各异且非常立体的复杂场景，包括云朵形态、水滴纹理、粒子分布、光与影的互动等。

下面介绍使用 DALL・E 添加 Ray Casting 提示词的具体操作方法。

步骤01 在 DALL・E 的输入框内输入相应的提示词，如"人们坐在草坪上看日落，温馨的风格，照片逼真的风景，Ray Casting"，如图 8-20 所示。

图 8-20　输入相应的提示词描述

步骤02 按【Enter】键确认，随后 DALL・E 将生成添加提示词 Ray Tracing

后的图片，效果如图 8-21 所示。

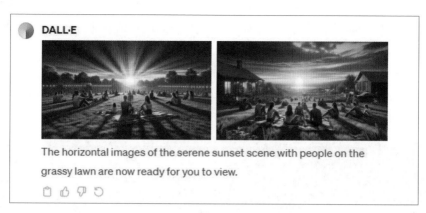

图 8-21　DALL·E 根据提示词生成的图片效果

8.1.8　物理渲染效果

扫码看教学视频

物理渲染（Physically Based Rendering）这一关键词可以帮助 AI 尽可能地模拟真实世界中的光照、材质和表面反射等物理现象，以达到更加逼真的渲染效果，效果如图 8-22 所示。

图 8-22　添加提示词 Physically Based Rendering 生成的图片效果

下面介绍使用 DALL·E 添加 Physically Based Rendering 提示词的具体操作方法。

步骤01 在 DALL·E 的输入框内输入相应的提示词，如"广阔的草原，尼康 D850，32k uhd 风格，摄影效果，Physically Based Rendering"，如图 8-23 所示。

图 8-23 输入相应的提示词描述

步骤 02 按【Enter】键确认，随后 DALL・E 将生成添加提示词 Physically Based Rendering 后的图片，效果如图 8-24 所示。

Here are two images of a vast grassland landscape, rendered in the style of a high-quality Nikon D850 photograph with 32k UHD resolution and using Physically Based Rendering techniques.

图 8-24 DALL・E 根据提示词生成的图片效果

★ 专 家 提 醒 ★

Physically Based Rendering 使用逼真的物理模型来计算光线如何传播和相互作用，从而更加精确地模拟真实世界中的不同光源、材质及着色器等特性，从而大大提高单个像素点的色彩稳定性，保持并优化了对自然光的真实再现。

8.2 向 ChatGPT 4 获取提示词生成图片

在使用 DALL・E 3 生成图片时需要用到描述画面的提示词，当用户不知道用什么提示词或者对生成的图像不满意时，可以向 ChatGPT 提问，获取有用的 AI 绘画提示词。本节将从 AI 商业插画的角度，详细介绍向 ChatGPT 获取提示词生成图片的方法，帮助大家提升使用 DALL・E 3 出图的效率。

8.2.1 获取儿童插画提示词

儿童插画是专门为儿童读者设计的插画作品，具有明确的表情和姿态，以吸引儿童的兴趣。儿童插画通常运用鲜艳的色彩和柔和

扫码看教学视频

的线条，以突出其生动活泼的特点，而使用DALL · E 3能够快速生成儿童插画，效果如图 8-25 所示。

图 8-25　DALL · E 3 生成的儿童插画效果

下面介绍使用 ChatGPT 获取儿童插画的提示词并使用 DALL · E 3 生成图片的具体操作方法。

步骤01 在 ChatGPT 的输入框中输入相应的提示词，如"你知道什么是儿童插画吗？"按【Enter】键确认，得到儿童插画的信息，如图 8-26 所示。

> **ChatGPT**
>
> 儿童插画是一种专门为儿童书籍、杂志、游戏或其他媒介设计的艺术形式。这些插画通常具有以下特点：
>
> 1. **色彩鲜艳丰富**：儿童插画常使用明亮、吸引人的色彩，以吸引儿童的注意力。
> 2. **简单明了的设计**：相较于成人针对的复杂艺术作品，儿童插画更倾向于简单、直观的设计风格，便于儿童理解和欣赏。
> 3. **激发想象**：很多儿童插画包含奇幻元素或夸张的表现手法，旨在激发儿童的想象力。
> 4. **教育性**：这些插画常常包含教育信息，帮助儿童学习新概念、建立价值观或理解复杂的情感。
> 5. **适合儿童的主题**：儿童插画的主题通常是与儿童生活、兴趣相关的，如动物、家庭、学校生活、冒险故事等。
>
> 儿童插画不仅仅是艺术作品，它们也是教育和娱乐的重要工具，能够在儿童的成长和发展中发挥积极作用。

图 8-26　ChatGPT 生成的儿童插画信息

步骤02 继续在 ChatGPT 中输入"请根据儿童插画的信息提供一个 AI 绘画提示词示例"，按【Enter】键确认，随后 ChatGPT 将根据上面的信息，生成儿童插画的 AI 绘画提示词，如图 8-27 所示。

> **ChatGPT**
>
> 当然，这里有一个适用于儿童插画风格的AI绘画提示词示例：
>
> "创作一幅儿童插画，画面中展现一个色彩鲜艳的魔法森林。这个森林里有各种各样的奇异生物，如友好的巨型蘑菇、会说话的动物和闪闪发光的植物。主要角色是一位穿着彩色斗篷的小女孩，她正和一只长着翅膀的兔子交谈。画面应该是梦幻般的，充满了奇妙的元素和明亮的色调，以激发孩子们的想象力。整个场景应该显得温馨、欢乐，适合儿童的视角。"
>
> 这个提示词结合了儿童插画的几个关键元素：鲜艳的色彩、简单而直观的设计、激发想象的奇幻元素、教育性和适合儿童的主题。

图 8-27　ChatGPT 生成的儿童插画 AI 绘画提示词

步骤 03 在侧边栏中单击 DALL·E 图标，进入 DALL·E 操作界面，在输入框中输入刚才 ChatGPT 提供的提示词，如图 8-28 所示。

> 创作一幅儿童插画，画面中展现一个色彩鲜艳的魔法森林。这个森林里有各种各样的奇异生物，如友好的巨型蘑菇、会说话的动物和闪闪发光的植物。主要角色是一位穿着彩色斗篷的小女孩，她正和一只长着翅膀的兔子交谈。画面应该是梦幻般的，充满了奇妙的元素和明亮的色调，以激发孩子们的想象力。整个场景应该显得温馨、欢乐，适合儿童的视角　　←输入

图 8-28　输入相应的提示词描述

步骤 04 按【Enter】键确认，随后 DALL·E 将根据提示词生成儿童插画，效果如图 8-29 所示。

图 8-29　DALL·E 根据提示词生成的儿童插画

8.2.2 获取美漫风插画提示词

扫码看教学视频

美漫风插画通常运用鲜艳的色彩，使画面更具吸引力和活力，效果如图 8-30 所示。美漫风插画常常包括超级英雄、科幻、幽默、冒险等多种题材，以及较为写实的角色形象和情节叙述。

图 8-30　DALL·E 3 生成的美漫风插画效果

下面介绍使用 ChatGPT 获取美漫风插画的提示词并使用 DALL·E 3 生成图片的具体操作方法。

步骤01 在 ChatGPT 的输入框中输入相应的提示词，如"美漫风的插画具有哪些特点？"按【Enter】键确认，获取美漫风插画的信息，如图 8-31 所示。

> **ChatGPT**
> 美国漫画（美漫）风格的插画通常具有以下特点：
>
> 1. **鲜明的线条和对比强烈的颜色**：美漫风格的插画通常使用鲜明、粗犷的线条来勾勒人物和场景。颜色对比鲜明，使用大面积的纯色和高对比度的色彩来增加视觉冲击力。
> 2. **夸张的肌肉和身体比例**：特别是在超级英雄的插画中，人物通常被描绘成拥有夸张的肌肉和不寻常的身体比例，例如更大的手臂、宽阔的肩膀和细长的腰部。
> 3. **动态的姿态和表现**：美漫风格的插画强调动态和戏剧化的姿态，以展现人物的运动和情感表达。这种风格常用于创造紧张、激烈的战斗场面或表现人物的动态活力。
> 4. **详细的阴影和光影效果**：为了增强立体感和深度，美漫插画中通常会有精细的阴影和光影处理。这些效果有助于增强人物的形体感和环境的空间感。
> 5. **强烈的表情和情绪表达**：人物的表情通常被夸张地表现出来，以传达强烈的情绪和个性。
> 6. **细节丰富的背景**：美漫风格的插画中背景通常设计得非常细致，以丰富整个故事的环境和氛围。
> 7. **幽默和夸张的元素**：尽管不是所有美漫作品都包含幽默元素，但许多作品在人物设计和情节发展中都加入了夸张和幽默的元素。
>
> 🗋 👍 👎 ↺

图 8-31　ChatGPT 回复的美漫风插画的特点

步骤 02 继续在 ChatGPT 中输入"请根据以上信息提供一个 AI 绘画提示词示例"，按【Enter】键确认，随后 ChatGPT 将根据上面的信息，生成美漫风插画的 AI 绘画提示词，如图 8-32 所示。

ChatGPT
当然，基于您提供的美漫风格的特点，以下是一个AI绘画提示词的示例：

"创建一幅美国漫画风格的插画，展现一位穿着鲜艳战服的超级英雄。这位英雄拥有夸张的肌肉，身体比例不寻常，手臂粗大，肩膀宽阔，腰部细长。他站在一个细节丰富的城市背景中，采取一个动态且戏剧化的姿势，好像刚刚完成了一次激烈的战斗。使用鲜明的线条和对比强烈的颜色，特别是他的战服和背景建筑上。他的面部表情夸张，展示出坚定和英勇的情绪。整幅画面中充满了精细的阴影和光影效果，以增强立体感和深度。"

图 8-32 ChatGPT 生成美漫风插画的 AI 绘画提示词

步骤 03 进入 DALL·E 的操作界面，在输入框中输入刚才 ChatGPT 提供的提示词，按【Enter】键确认，即可生成美漫风插画，效果如图 8-33 所示。

You
创建一幅美国漫画风格的插画，展现一位穿着鲜艳战服的超级英雄。这位英雄拥有夸张的肌肉，身体比例不寻常，手臂粗大，肩膀宽阔，腰部细长。他站在一个细节丰富的城市背景中，采取一个动态且戏剧化的姿势，好像刚刚完成了一次激烈的战斗。使用鲜明的线条和对比强烈的颜色，特别是在他的战服和背景建筑上。他的面部表情夸张，展示出坚定和英勇的情绪。整幅画面中充满了精细的阴影和光影效果，以增强立体感和深度

DALL·E

Here are the illustrations of the superhero in a vibrant costume, as you requested. They are depicted in the style of American comics, with exaggerated muscularity and dynamic, dramatic poses against a detailed urban background.

图 8-33 DALL·E 根据提示词生成的美漫风插画

8.2.3 获取动物插画提示词

动物插画是一种以动物为主题的插画类别，通常以绘制动物的图像来表现自然界中的生物多样性，这类插画通常专注于捕捉动物的外貌、行为和栖息地，旨在向观众展示大自然的壮丽和神奇，效果如图 8-34 所示。

图 8-34　DALL・E 3 生成的动物插画效果

下面介绍使用 ChatGPT 获取动物插画的提示词并使用 DALL・E 3 生成图片的具体操作方法。

步骤01 在 ChatGPT 的输入框中输入相应的提示词，如"请问动物插画有哪些类型？"按【Enter】键确认，获取动物插画的信息，如图 8-35 所示。

> **ChatGPT**
>
> 动物插画的类型多种多样，每种类型都有其独特的风格和特点。以下是一些常见的动物插画类型：
>
> 1. **现实主义风格**：这种风格的插画力求真实地表现动物的外形和特征。画面细致，色彩自然，强调光影和细节，使观者能够清晰地辨认出动物的种类。
> 2. **卡通风格**：卡通风格的动物插画通常以夸张、幽默的方式表现，色彩鲜艳，线条简洁。这种风格的插画通常用于儿童书籍、动画和娱乐内容。
> 3. **抽象风格**：在这种风格中，动物的形态被简化或抽象化。这种插画更注重表达情感或概念，而非具体的外形细节。
> 4. **民间艺术风格**：这种风格的插画通常包含传统的图案和元素，色彩丰富，形式独特。它们反映了特定文化或地区的艺术传统。
> 5. **超现实主义风格**：超现实主义动物插画常常将现实与幻想结合起来，创造出梦幻般的画面。这种风格的作品往往充满想象力和创造性。
> 6. **科学插画**：科学插画注重精确地表现动物的解剖和生态特征，通常用于科学出版物、教育材料中。

图 8-35　ChatGPT 回复的不同类型的动物插画信息

步骤 02 继续在 ChatGPT 中输入"请根据'现实主义风格'的特点，提供一个 AI 绘画提示词示例"，按【Enter】键确认，随后 ChatGPT 将生成动物插画的 AI 绘画提示词，如图 8-36 所示。

> ⊛ **ChatGPT**
>
> 当然，基于您提供的信息，这里是一个动物插画的AI绘画提示词示例：
>
> "创建一幅色彩丰富的动物插画，展现一只栩栩如生的狐狸，坐在森林中的一片茂密的绿色草地上。狐狸的毛发细节非常精确，呈现出其自然的橙色和白色。它的眼神好奇而警觉，仿佛正在观察周围的环境。背景是一片充满活力的森林，以深绿色和棕色为主色调，树木密集而多样，透过树叶间隙可以见到斑驳的阳光。整幅画作风格既现实又带有一点童话色彩，适合用于儿童故事书的插图。"
>
> 🗅 👍 👎 ↻

图 8-36　ChatGPT 生成动物插画的 AI 绘画提示词

步骤 03 进入 DALL・E 的操作界面，在输入框中输入刚才 ChatGPT 提供的提示词，按【Enter】键确认，即可生成动物插画，如图 8-37 所示。

> ⊛ **You**
>
> 创建一幅色彩丰富的动物插画，展现一只栩栩如生的狐狸，坐在森林中的一片茂密的绿色草地上。狐狸的毛发细节非常精确，呈现出其自然的橙色和白色。它的眼神好奇而警觉，仿佛正在观察周围的环境。背景是一片充满活力的森林，以深绿色和棕色为主色调，树木密集而多样，透过树叶间隙可以见到斑驳的阳光。整幅画作风格既现实又带有一点童话色彩，适合用于儿童故事书的插图
>
> ◉ **DALL・E**
>
> Here are two illustrations of a lifelike fox sitting on a dense green grassy patch in a vibrant forest, as you requested. These images capture the details and colors in the style suitable for a children's storybook.
>
> 🗅 👍 👎 ↻

图 8-37　DALL・E 根据提示词生成的动物插画

8.2.4　获取花卉插画提示词

花卉插画是一种以各种花朵和植物为主题的插画类型，通过插画的形式表现出花朵的多样性和生命力。这种插画可以在写实和抽

扫码看教学视频

象之间取得平衡，以创造出富有艺术性和生动感的花卉形象，效果如图8-38所示。

图 8-38　DALL・E 3 生成的花卉插画效果

下面介绍使用 ChatGPT 获取花卉插画的提示词并使用 DALL・E 3 生成图片的具体操作方法。

步骤01 在 ChatGPT 的输入框中输入相应的提示词，如"请详细描述什么是花卉插画"，按【Enter】键确认，ChatGPT 的回答如图 8-39 所示。

ChatGPT

花卉插画是一种艺术形式，它专注于以视觉方式呈现各种花卉。这种插画形式通常非常细致和精确，目的是准确展现花卉的形状、颜色、细节和质感。花卉插画可以采用多种不同的媒介和技术，包括水彩画、铅笔画、油画或数字媒介。

在创作过程中，艺术家会仔细观察目标花卉，注意其独特的特征，比如花瓣的形状、花蕊的结构、叶片的排列和颜色的变化。这些插画可以是高度写实的，也可以包含某种程度的艺术性或抽象性，这取决于艺术家的意图和风格。

花卉插画不仅是艺术作品，还经常用于教育和科学目的，比如在园艺书籍、植物学研究或花卉识别指南中。在历史上，花卉插画也是植物学研究和分类的重要工具，帮助科学家和研究者记录和分享关于新发现植物的详细信息。此外，这种插画也常见于装饰艺术和商业设计中，如时尚、家居装饰和包装设计。

图 8-39　ChatGPT 回复的花卉插画信息

步骤02 继续在 ChatGPT 中输入"请根据以上信息，提供一个花卉插画的 AI 绘画提示词示例"，按【Enter】键确认，随后 ChatGPT 将生成花卉插画的 AI 绘画提示词，如图 8-40 所示。

图 8-40　ChatGPT 生成花卉插画的 AI 绘画提示词

步骤 03 进入 DALL·E 的操作界面，在输入框中输入刚才 ChatGPT 提供的提示词，按【Enter】键确认，即可生成花卉插画，效果如图 8-41 所示。

图 8-41　DALL·E 根据提示词生成的花卉插画

8.2.5　获取赛博朋克风插画提示词

赛博朋克风插画是一种将赛博朋克文化元素融入插画中的艺术创作风格。赛博朋克是一种科幻文化，通常描绘未来社会中高度发达的科技，效果如图 8-42 所示。

扫码看教学视频

图 8-42　DALL·E 3 生成的赛博朋克风插画效果

下面介绍使用 ChatGPT 获取赛博朋克风插画的提示词并使用 DALL·E 3 生成图片的具体操作方法。

步骤01 在 ChatGPT 的输入框中输入相应的提示词，如"什么是赛博朋克风插画？这种风格的插画具有哪些特点？"按【Enter】键确认，ChatGPT 的回答如图 8-43 所示。

> 🟢 **ChatGPT**
> 赛博朋克风格的插画是一种受赛博朋克文化启发的艺术形式，这种文化源于科幻作品，特别是那些探讨未来城市、高科技与低生活水平交织的题材。赛博朋克插画的特点包括：
>
> 1. **未来主义城市景观**：通常包括高耸的摩天大楼、霓虹灯广告和密集的城市结构。
> 2. **科技元素**：如先进的计算机、机械增强的人类（或称为赛博格）、未来派交通工具等。
> 3. **暗淡或霓虹灯光照明**：使用大量的蓝色和粉色调，创造一种科幻和未来主义的氛围。
> 4. **朋克文化影响**：反映在角色的服装和态度上，通常带有叛逆和非主流的特点。
> 5. **社会和政治主题**：探讨科技对社会和人类的影响，包括社会不平等、监控国家和身份丧失等主题。
>
> 这种风格的插画通常富有想象力，展现了一个高科技但又颓败的世界，强调对未来可能发展方向的想象和批判。
>
> 🗍 👍 👎 🔁

图 8-43　ChatGPT 回复的赛博朋克风插画信息

步骤02 继续在 ChatGPT 中输入"请根据以上信息，提供一个赛博朋克风插画的 AI 绘画提示词示例，要求逻辑清晰，字数在 50 字以内"，按【Enter】键确认，随后 ChatGPT 将生成赛博朋克风插画的 AI 绘画提示词，如图 8-44 所示。

ChatGPT

"描绘一个赛博朋克风格的未来城市街道场景。在夜晚，高耸的摩天大楼被霓虹灯光照亮，街道上布满未来派交通工具和机械增强的人类。画面色调以蓝色和粉色为主，营造出科幻和未来主义的氛围。在画面中，几个穿着朋克风格服装的角色表现出叛逆的态度，背景中隐含社会不平等和监控国家的主题。"

图 8-44　ChatGPT 根据要求生成赛博朋克风插画的 AI 绘画提示词

步骤 03 进入 DALL · E 的操作界面，在输入框中输入刚才 ChatGPT 提供的提示词，按【Enter】键确认，即可生成赛博朋克风插画，效果如图 8-45 所示。

You

描绘一个赛博朋克风格的未来城市街道场景。在夜晚，高耸的摩天大楼被霓虹灯光照亮，街道上布满未来派交通工具和机械增强的人类。画面色调以蓝色和粉色为主，营造出科幻和未来主义的氛围。在画面中，几个穿着朋克风格服装的角色表现出叛逆的态度，背景中隐含社会不平等和监控国家的主题

DALL·E

Here are the images depicting a cyberpunk-style future city street scene at night, with towering skyscrapers, neon lights, futuristic vehicles, and characters dressed in punk-style clothing. The atmosphere and themes you described are captured in these visuals.

图 8-45　DALL · E 根据提示词生成的赛博朋克风插画

第 9 章　风格指令：轻松搞定主流 AI 绘画风格

　　AI 绘画中的艺术风格通常指的是模仿或受到某一特定艺术家、艺术流派或历史时期风格影响的视觉表现形式。DALL·E 3 能够分析和学习这些风格的关键特征，然后应用到新的创作中，从而产生具有特定艺术风格的图像。

9.1　DALL·E 3 的 AI 绘画艺术风格

艺术风格是指 AI 绘画作品中呈现出的独特、个性化的风格和审美表达方式，反映了作者对画面的理解、感知和表达。本节将通过 DALL·E 介绍 AI 绘画艺术风格的重点提示词，可以帮助大家更好地塑造自己的审美观，并提升图片的品质和表现力。

9.1.1　抽象主义风格

抽象主义（Abstractionism）是一种以形式、色彩为重点的艺术流派，通过结合主体对象和环境中的构成、纹理、线条等元素进行创作，将真实的景象转化为抽象的图像，传达出一种突破传统审美习惯的审美挑战，在使用 DALL·E 输入提示词时添加 Abstractionism 能够快速生成该效果，如图 9-1 所示。

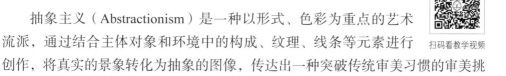

扫码看教学视频

图 9-1　DALL·E 生成的抽象主义风格作品

下面介绍使用 DALL·E 生成抽象主义风格的 AI 绘画作品的操作方法。

步骤01 在 DALL·E 的输入框内输入"沙丘中间有脚印，呈深青铜和深黑色风格，分层制作，拍摄的照片，算法艺术，纹理和分层，Abstractionism"，如图 9-2 所示。

图 9-2　输入相应的提示词描述

165

步骤 02 按【Enter】键确认，随后 DALL・E 将根据提示词生成抽象主义风格的 AI 绘画作品，效果如图 9-3 所示。

图 9-3　DALL・E 根据提示词生成的图片效果

9.1.2　现实主义风格

现实主义（Realism）是一种致力于展现真实生活、真实情感和真实经验的艺术风格，它更加注重如实地描绘自然，探索被摄对象所处时代、社会、文化背景下的意义与价值，呈现人们亲身体验并能够共鸣的生活场景和情感状态。在使用 DALL・E 输入提示词时，添加 Realism 能够快速做出该效果，效果如图 9-4 所示。

扫码看教学视频

图 9-4　DALL・E 生成的现实主义风格作品

下面介绍使用DALL·E生成现实主义风格的AI绘画作品的操作方法。

步骤01 在DALL·E的输入框内输入相应的提示词，如"一朵小小的红玫瑰有一滴水滴，呈墨绿色和深蓝色的风格，夸张的配色方案，自然的光线和真实的场景，精确的细节，逼真的静物，Realism"，如图9-5所示。

图9-5　输入相应的提示词描述

步骤02 按【Enter】键确认，随后DALL·E将根据提示词生成现实主义风格的AI绘画作品，效果如图9-6所示。

图9-6　DALL·E根据提示词生成的图片效果

★ 专 家 提 醒 ★

在DALL·E中，现实主义风格的提示词包括：真实生活（Real life）、自然光线与真实场景（Natural light and real scenes）、精确的细节（Precise details）、逼真的肖像（Realistic portrait）、逼真的风景（Realistic landscape）。

9.1.3　超现实主义风格

超现实主义（Surrealism）是指一种挑战常规的艺术风格，追求超越现实，呈现出理性和逻辑之外的景象和感受，效果如图9-7所示。

扫码看教学视频

超现实主义风格倡导通过夸张的手段表达非显而易见的想象和情感，强调表现作者的心灵世界和审美态度。

图9-7　DALL·E生成的超现实主义风格作品

下面介绍使用DALL·E生成超现实主义风格的AI绘画作品的操作方法。

步骤01 在DALL·E中输入相应的提示词，如"天空中的城堡，重力颠覆建筑，梦幻般的，雾蒙蒙的哥特式，超现实主义景观，高分辨率，Surrealism"，如图9-8所示。

图9-8　输入相应的提示词描述

步骤02 按【Enter】键确认，随后DALL·E将根据提示词生成超现实主义风格的AI绘画作品，效果如图9-9所示。

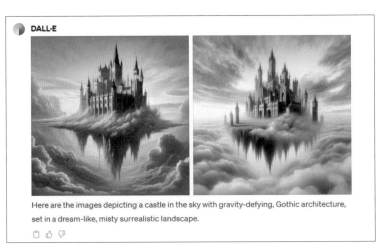

图9-9　DALL·E根据提示词生成的图片效果

★ 专 家 提 醒 ★

在 DALL·E 中，超现实主义风格的提示词包括：梦幻般的（Dreamlike）、超现实的风景（Surreal landscape）、神秘的生物（Mysterious creatures）、扭曲的现实（Distorted reality）、超现实的静态物体（Surreal still objects）。

9.1.4　极简主义风格

扫码看教学视频

极简主义（Minimalism）是一种强调简洁、减少冗余元素的艺术风格，旨在通过精简的形式和结构来表现事物的本质和内在联系，追求视觉上的简约、干净和平静，让画面更加简洁且具有力量感，效果如图 9-10 所示。

图 9-10　DALL·E 生成的极简主义风格作品

★ 专 家 提 醒 ★

在 DALL·E 中，极简主义风格的提示词包括：简单（Simple）、简洁的线条（Clean lines）、极简色彩（Minimalist colors）、负空间（Negative space）、极简静物（Minimal still life）。

下面介绍使用 DALL·E 生成极简主义风格的 AI 绘画作品的操作方法。

步骤 01 在 DALL·E 的输入框内输入相应的提示词，如"一只鸟在亚洲风建筑上方飞翔，极简主义黑白风格，宁静和谐，简单，Minimalism"，如图 9-11 所示。

图 9-11　输入相应的提示词描述

169

步骤02 按【Enter】键确认，随后 DALL·E 将根据提示词生成极简主义风格的 AI 绘画作品，效果如图 9-12 所示。

图 9-12　DALL·E 根据提示词生成的图片效果

9.1.5　古典主义风格

扫码看教学视频

古典主义（Classicism）是一种提倡使用传统艺术元素的艺术风格，注重作品的整体性和平衡感，追求一种宏大的构图方式和庄重的风格、气魄，创造出具有艺术张力和现代感的 AI 绘画作品，效果如图 9-13 所示。

在 DALL·E 中，古典主义风格的提示词包括：对称（Symmetry）、秩序（Hierarchy）、简洁性（Simplicity）、明暗对比（Contrast）。

下面介绍使用 DALL·E 生成古典主义风格的 AI 绘画作品的操作方法。

步骤01 在 DALL·E 的输入框内输入相应的提示词，如"一个穿着长裙的女孩站在古老的法国窗户前，古典主义的方法，浪漫的学术，淡白色和琥珀色，多重滤镜效果，Classicism"，如图 9-14 所示。

图 9-13　DALL·E 生成的古典主义风格作品

图 9-14　输入相应的提示词描述

步骤 02 按【Enter】键确认，随后 DALL·E 将根据提示词生成古典主义风格的 AI 绘画作品，效果如图 9-15 所示。

图 9-15　DALL·E 根据提示词生成的图片效果

9.1.6　印象主义风格

印象主义（Impressionism）是一种强调情感表达和氛围感受的艺术风格，通常选择柔和、温暖的色彩和光线，在构图时注重景深和镜头虚化等视觉效果，以创造出柔和流动的画面感，从而传递给观众特定的氛围和情绪，效果如图 9-16 所示。

扫码看教学视频

图9-16　DALL・E生成的印象主义风格作品

下面介绍使用DALL・E生成印象主义风格的AI绘画作品的操作方法。

步骤01 在DALL・E的输入框内输入相应的提示词，如"哥特式建筑，印象派绘画，深灰色和浅蓝色风格，细致的细节，浅棕色和天蓝色，柔和的颜色，高分辨率，Impressionism"，如图9-17所示。

图9-17　输入相应的提示词描述

步骤02 按【Enter】键确认，随后DALL・E将根据提示词生成印象主义风格的AI绘画作品，效果如图9-18所示。

图9-18　DALL・E根据提示词生成的图片效果

在DALL·E中，印象主义风格的提示词包括：模糊的笔触（Blurred strokes）、彩绘光（Painted light）、印象派风景（Impressionist landscape）。

9.1.7　流行艺术风格

扫码看教学视频

流行艺术（Pop art）风格是指在特定时期或一段时间内，具有代表性和影响力的艺术形式或思潮，具有鲜明的时代特征和审美风格，效果如图9-19所示。

图 9-19　DALL·E生成的流行艺术风格作品

流行艺术风格和表现手法受到商业广告和产品包装设计的影响，强调视觉吸引力和直接传达信息的能力，通常使用鲜艳、对比强烈的颜色，并采用简单明快的线条和形状，以产生视觉冲击力。

下面介绍使用DALL·E生成流行艺术风格的AI绘画作品的操作方法。

步骤01 在DALL·E的输入框内输入相应的提示词，如"一位身穿黑色条纹上衣和红色鞋子的金发女子，采用拼色艺术风格，浅白色和天蓝色，基于网格，大胆的颜色，分层纹理和图案，Pop art"，如图9-20所示。

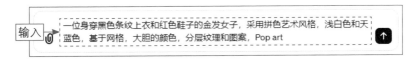

输入 ⬚ 一位身穿黑色条纹上衣和红色鞋子的金发女子，采用拼色艺术风格，浅白色和天蓝色，基于网格，大胆的颜色，分层纹理和图案，Pop art ↑

图 9-20　输入相应的提示词描述

步骤02 按【Enter】键确认，即可生成流行艺术风格的图片，效果如图 9-21 所示。

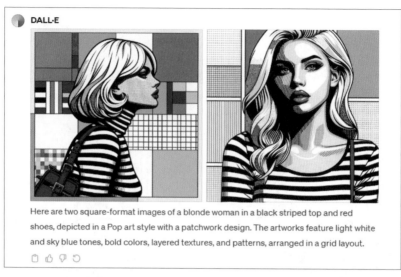

图 9-21　DALL・E 根据提示词生成的图片效果

9.1.8　街头艺术风格

扫码看教学视频

街头艺术（street）又称城市艺术或涂鸦艺术，是一种通常在公共空间进行的视觉艺术形式，通常具有鲜明的色彩、大胆的线条和创意的设计，旨在吸引行人的注意并引发思考，效果如图 9-22 所示。

图 9-22　DALL・E 生成的街头艺术风格作品

下面介绍使用DALL·E生成街头艺术风格的AI绘画作品的操作方法。

步骤01 在DALL·E的输入框内输入相应的提示词，如"想象一幅充满活力的街头艺术作品，它在一座砖墙上展现，这幅作品由喷漆创作而成，作品中是一个男人的脸，以黑色和灰色勾勒，营造出一种街头艺术效果，street"，如图9-23所示。

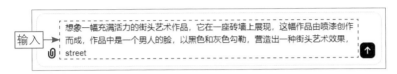

图9-23 输入相应的提示词描述

步骤02 按【Enter】键确认，随后DALL·E将根据提示词生成街头艺术风格的AI绘画作品，效果如图9-24所示。

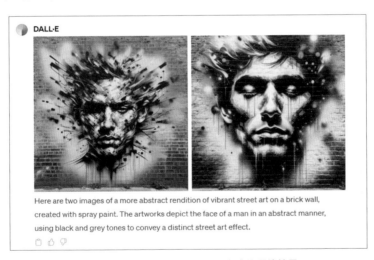

图9-24 DALL·E根据提示词生成的图片效果

★ 专 家 提 醒 ★

在AI绘画中，街头摄影风格的提示词包括：涂鸦喷漆（Graffiti painting）、街头生活（Street life）、鲜艳色彩（Bright colors）、街头肖像（Street portraits）。

9.2 特殊的DALL·E 3艺术创作形式

艺术创作形式指的是艺术家创作艺术作品时所采用的各种技术和媒介，它包括广泛的分类和风格，反映了艺术的多样性和创造性。AI绘画也需要不断探索新的艺术创作形式，使得作品的表现方式更加多样化和丰富化。本节将通过DALL · E介绍特殊的AI绘画艺术创作形式，为用户带来艺术上的享受和启迪。

9.2.1　错觉艺术形式

错觉艺术（Op art portrait）基于视觉错觉原理，这种艺术形式可以很好地展现出作者的创意和技巧，提高作品的独创性和艺术性。

扫码看教学视频

在使用DALL · E时，添加提示词Op art portrait可以使画面中的线条、颜色和形状出现视觉上的变化和偏差，给人一种愉悦的视觉体验。该提示词可以将平凡的人像转变成具有独特魅力的艺术品，效果如图9-25所示。

图9-25　添加提示词Op art portrait生成的图片效果

下面介绍通过DALL · E使用错觉艺术形式生成AI绘画作品的操作方法。

步骤01 在DALL · E的输入框内输入相应的提示词，如"人物剪影，伸向日落，现实主义风格，逼真的准确性，光线的逼真描绘，自然现象，浅橙色和浅琥珀色，Op art portrait"，如图9-26所示。

输入　人物剪影，伸向日落，现实主义风格，逼真的准确性，光线的逼真描绘，自然现象，浅橙色和浅琥珀色，Op art portrait

图9-26　输入相应的提示词描述

步骤02 按【Enter】键确认，随后 DALL·E 将根据提示词生成错觉艺术形式的 AI 绘画作品，效果如图 9-27 所示。

图 9-27 DALL·E 根据提示词生成的图片效果

9.2.2 仙姬时尚艺术形式

仙姬时尚（Fairy Kei fashion）是一种受日本动漫文化影响的流行艺术形式，它强调个性化和自我表达，鼓励穿着者以独特和有趣的方式混合和搭配不同的元素。这种艺术形式常常使用卡通图案，如彩虹、星星和心形图案，效果如图 9-28 所示。

扫码看教学视频

图 9-28 添加提示词 Fairy Kei fashion 生成的图片效果

下面介绍通过DALL·E使用仙姬时尚艺术形式生成AI绘画作品的操作方法。

步骤01 在DALL·E的输入框内输入相应的提示词，并在提示词中添加"Fairy Kei fashion"，如图9-29所示。

输入 | 创作一幅展示Fairy Kei fashion的插画。模特穿着粉色或淡紫色的Fairy Kei fashion风格服装，装饰有星星和彩虹图案。头发浅蓝色，长而卷曲，佩戴闪亮头饰。化妆突出粉色腮红和闪亮眼妆。背景是充满泡泡和彩色气球的幻想场景，整体风格柔和梦幻

图 9-29　输入相应的提示词描述

步骤02 按【Enter】键确认，随后 DALL·E 将根据提示词生成仙姬时尚艺术形式的 AI 绘画作品，效果如图9-30 所示。

Here are two illustrations showcasing Fairy Kei fashion based on your description. Please take a look at these images and let me know if there's anything you'd like to adjust or if you have any other requests!

图 9-30　DALL·E 根据提示词生成的图片效果

★ 专家提醒 ★

在使用 DALL·E 时，添加提示词 Fairy Kei fashion 可以营造出柔和、温馨的氛围感，同时对 AI 绘画来说还可以突出其个性和品位，增强作品的艺术性和鲜明度。

9.2.3　CG 插画艺术形式

扫码看教学视频

CG 插画（CG rendering）是一种依靠计算机创作和处理的电子插画艺术形式，其包含 3D 建模、贴图、动画制作等技术。

在 AI 绘画中，CG 插画通常用于特效创作和合成，通过添加电子元素来丰富画面内容，例如虚构的场景、梦幻的背景或卡通风格的人物形象等，我们可以通过 DALL·E 快速生成这种艺术形式的图片，效果如图 9-31 所示。

图 9-31 添加提示词 CG rendering 生成的图片效果

下面介绍通过 DALL · E 使用 CG 插画艺术形式生成 AI 绘画作品的操作方法。

步骤01 在 DALL · E 的输入框内输入相应的提示词，并在提示词的后面添加 "CG rendering"，如图 9-32 所示。

图 9-32 输入相应的提示词描述

步骤02 按【Enter】键确认，随后 DALL · E 将根据提示词生成 CG 插画艺术形式的 AI 绘画作品，效果如图 9-33 所示。

图 9-33 DALL · E 根据提示词生成的图片效果

★ 专家提醒 ★

CG插画具有极高的自由度和创意性，可以将抽象概念可视化，从而表达作者的创意和情感。同时，使用提示词CG rendering还能够提高AI绘画作品的吸引力和效果，让其更具视觉冲击力。

9.2.4　工笔画艺术形式

工笔画（Claborate-style painting）是一种中国传统的绘画艺术形式，通常用于描绘花卉、鸟兽、人像及山水名胜等主题，强调细腻的线条表现和色彩细节的描绘，注重物象形态的真实性和层次感的清晰度，效果如图9-34所示。

扫码看教学视频

图 9-34　添加提示词 Claborate-style painting 生成的图片效果

★ 专家提醒 ★

在DALL・E中，可以使用工笔画艺术形式来表现具有中国特色的文化元素，使照片更富有艺术表现力和文化内涵。

下面介绍通过DALL・E使用工笔画艺术形式生成AI绘画作品的操作方法。

步骤 01 在DALL・E的输入框内输入相应的提示词，并在提示词的后面添加"Claborate-style painting"，如图9-35所示。

图 9-35　输入相应的提示词描述

步骤02 按【Enter】键确认，随后 DALL·E 将根据提示词生成工笔画艺术形式的 AI 绘画作品，效果如图 9-36 所示。

Here are the two revised Gongbi-style paintings with softer and more subdued colors, as requested. They still capture the serene landscape and traditional elements, but with a lighter color palette that is more characteristic of Gongbi art.

图 9-36　DALL·E 根据提示词生成的图片效果

9.2.5　木刻版画艺术形式

扫码看教学视频

木刻版画（Woodcut printmaking）是一种古老的印刷技术，它属于版画的一种形式。在这种技术中，艺术家在一块木板上雕刻出所需的图像或文字，然后将这个雕刻过的木板用作印刷板，效果如图 9-37 所示。

图 9-37　添加提示词 Woodcut printmaking 生成的图片效果

下面介绍通过 DALL·E 使用木刻版画艺术形式生成 AI 绘画作品的操作方法。

步骤**01** 在 DALL·E 的输入框内输入相应的提示词，并在提示词的后面添加"Woodcut printmaking"，如图 9-38 所示。

图 9-38　输入相应的提示词描述

步骤**02** 按【Enter】键确认，随后 DALL·E 将根据提示词生成木刻版画艺术形式的 AI 绘画作品，效果如图 9-39 所示。

图 9-39　DALL·E 根据提示词生成的图片效果

第 10 章　绘画实战：激发想象力创造独特的 AI 画作

　　AI 绘画可以为艺术家提供创作灵感，同时也可以应用于艺术插画、海报设计、工业设计、商业 LOGO 设计等领域，提高创作效率和降低创作成本，拓展艺术创作的可能性。本章将通过 DALL·E 介绍 4 种不同领域 AI 绘画作品的制作流程。

10.1　艺术插画范例

艺术插画通常是指专门为了补充、解释或装饰文字而创作的图像。它可以出现在书籍、杂志、广告、电影、动画甚至是网页上。与纯粹为了艺术本身而创作的作品不同，插画的主要目的在于通过视觉手段传达特定的信息或情感。本节将使用DALL·E等工具通过范例的形式介绍艺术插画，帮助用户更好地理解 AI 插画的功能。

10.1.1　连环漫画范例

连环漫画是一种将连续的图画和文字结合在一起，以叙述故事或传达信息的艺术形式。连环漫画中通常包括人物、场景和动作，它们被安排在页面上的不同框架中，读者按照一定的顺序阅读这些画格，以理解故事的发展，效果如图 10-1 所示。

扫码看教学视频

图 10-1　DALL · E 生成的连环漫画效果

下面介绍生成连环漫画的具体操作方法。

步骤 01 在 DALL · E 的输入框内输入相应的提示词，如"请生成一则连环漫画：一群可爱的小动物们正在举行生日派对，森林里充满了彩虹、花朵和闪亮的星星，整个场景充满了欢乐、神奇和童话般的气氛"，如图 10-2 所示。

图 10-2　输入相应的提示词描述

步骤02 按【Enter】键确认，DALL·E 将根据提示词生成相应的连环漫画，如图 10-3 所示。

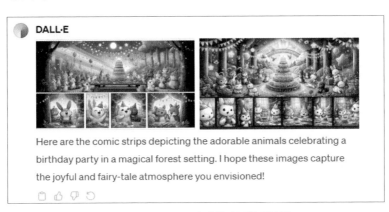

Here are the comic strips depicting the adorable animals celebrating a birthday party in a magical forest setting. I hope these images capture the joyful and fairy-tale atmosphere you envisioned!

图 10-3　DALL·E 生成的连环漫画效果

步骤03 在输入框内再次输入"我希望漫画中加入一些对话，对话的内容是关于生日祝福的"，按【Enter】键确认，DALL·E 将生成加入了对话的连环漫画效果，如图 10-4 所示。

Here are the updated comic strips with the added dialogues about birthday wishes. I hope these enhanced images bring the joyful celebration to life with the cheerful conversations of the animals!

图 10-4　DALL·E 生成加入对话的连环漫画效果

★ 专 家 提 醒 ★

DALL·E 目前还无法正确地生成中文对话效果。需要注意的是，AI 生成的文字内容可能会发生错误，用户需要自行判断。

10.1.2 油画风格插画范例

扫码看教学视频

油画是运用高饱和度的色彩来描绘人物、动物、植物等内容的艺术形式，我们可以通过输入提示词，让 DALL・E 进行绘制，从而快速生成油画风格的插画，效果如图 10-5 所示。

图 10-5 DALL・E 生成油画风格的插画效果

下面介绍生成油画风格插画的具体操作方法。

步骤01 在 DALL・E 的输入框内输入相应的提示词，如"生成油画风格的插画：明亮的星空背景、波光粼粼的大海、远处的帆船、星空背景下的月亮。强调夜晚的宁静和神秘，突出星星和波浪的细节"，如图 10-6 所示。

图 10-6 输入相应的提示词描述

步骤02 按【Enter】键确认，DALL・E 将根据提示词生成油画风格的插画，如图 10-7 所示。

图 10-7 DALL・E 生成油画风格的插画效果

10.1.3 民俗节日插画范例

民俗节日插画是具体呈现和庆祝特定文化和地区传统民俗节日的插画类型，这种插画通常包含与该节日相关的元素，以庆祝和传播这些节日的独特意义，我们可以通过 DALL·E 快速生成民俗节日插画，效果如图 10-8 所示。

图 10-8　DALL·E 生成的民俗节日插画效果

下面介绍生成民俗节日插画的具体操作方法。

步骤01 向 ChatGPT 获取插画的 AI 绘画提示词，在输入框中输入"请根据民俗节日插画给我提供一段 AI 绘画提示词示例，要求突出节日的特点，字数在 80 字左右"，按【Enter】键确认，即可获取插画的提示词，如图 10-9 所示。

> **ChatGPT**
>
> "生成一张插画，主要元素是一只可爱的兔子坐在皎洁的月光下，手中抱着一个月饼。背景是夜空中明亮的满月和点缀的星星，周围布满桂花树和飘散的桂花香。兔子身边摆放着几个不同形状和花纹的灯笼，营造出温馨和祥和的节日氛围。画面中还应体现一些传统的中秋元素，如柚子和茶具，以强调中秋节的文化和传统"

图 10-9　向 ChatGPT 获取插画的提示词

步骤02 将获取到的提示词输入到 DALL·E 的输入框中，如图 10-10 所示。

图 10-10　输入相应的提示词描述

步骤 03 按【Enter】键确认，随后 DALL · E 将根据提示词生成庆祝中秋节的民俗节日插画，如图 10-11 所示。

图 10-11　DALL · E 生成的民俗节日插画效果

10.2　海报设计范例

海报设计是一种视觉传达艺术，用于创造吸引目光的图像和文字布局，以传达信息、宣传活动、突出产品特点等。海报通常结合使用引人注目的图像、醒目的颜色和易于理解的文字。本节将使用 DALL · E 等工具进行海报设计，帮助用户提升 AI 绘画的操作水平。

10.2.1　电影海报设计范例

电影海报是一种专门为电影制作的视觉艺术作品，用于宣传和营销电影。电影海报的设计目的是吸引潜在观众的注意，激发他

扫码看教学视频

们对电影的兴趣，并传达电影的主题或情感基调。我们可以通过DALL·E来快速设计电影海报，效果如图10-12所示。

下面介绍生成电影海报的具体操作方法。

步骤01 在DALL·E的输入框中输入"生成一个科幻题材的电影海报"，如图10-13所示。

步骤02 按【Enter】键确认，DALL·E将根据提示词生成相应的电影海报，如图10-14所示。

图 10-12　DALL·E 生成的电影海报效果

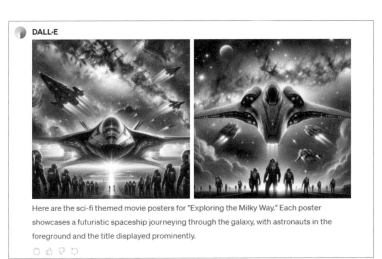

图 10-13　输入相应的提示词描述

图 10-14　DALL·E 生成的电影海报效果

步骤03 在输入框中继续输入"给海报添加一个标题，标题的内容是'Exploring the Milky Way（探索银河系）'"，按【Enter】键确认，DALL·E将根据提示词生成附带标题的电影海报，如图10-15所示。

189

图 10-15　DALL · E 生成附带标题的电影海报效果

10.2.2　广告海报设计范例

广告海报是一种视觉传达形式，用于创作用商业推广和广告的海报，它结合使用图像、文字、颜色和其他设计元素，目的在于吸引目标受众的注意力，传达有关产品、服务或品牌的信息，并激发消费者的兴趣或行动，效果如图 10-16 所示。

扫码看教学视频

图 10-16　DALL · E 生成广告海报效果

下面介绍生成广告海报的具体操作方法。

步骤01 向 ChatGPT 获取广告海报的提示词，在输入框中输入"请提供一段关于气泡水广告海报设计的 AI 绘画提示词示例，字数在 80 字左右"，如图 10-17 所示。

图 10-17　输入相应的提示词描述

步骤02 按【Enter】键确认，ChatGPT 将提供气泡水广告海报的提示词，如图 10-18 所示。

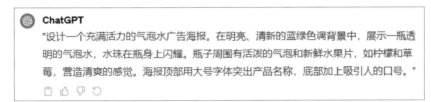

图 10-18　ChatGPT 提供广告海报的提示词

步骤03 将获取到的提示词输入到 DALL·E 的输入框中，按【Enter】键确认，即可生成气泡水的广告海报，如图 10-19 所示。

图 10-19　DALL·E 生成气的泡水广告海报效果

10.2.3　活动海报设计范例

活动海报是指为特定活动创作的视觉传达作品，如音乐会、艺术展览、剧院演出、节日庆典等。设计这类海报的目的是通过使用鲜明的色彩、引人注目的图像和创意的布局设计，吸引公众的注意，提供活动的关键信息，并激发人们对该活动的兴趣，效果如图 10-20 所示。

扫码看教学视频

191

图 10-20　DALL·E 生成的活动海报效果

下面介绍生成活动海报的具体操作方法。

步骤 01 向 ChatGPT 获取活动海报的提示词，在输入框中输入"请提供一段音乐会活动海报设计的 AI 绘画提示词，字数在 80 字左右"，如图 10-21 所示。

图 10-21　输入相应的提示词描述

步骤 02 按【Enter】键确认，ChatGPT 将生成音乐会活动海报的提示词，如图 10-22 所示。

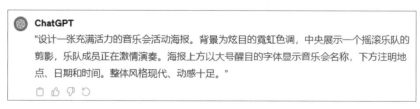

图 10-22　ChatGPT 提供活动海报的提示词

步骤03 将获取到的提示词输入到DALL·E的输入框中，按【Enter】键确认，即可生成音乐会的活动海报，如图10-23所示。

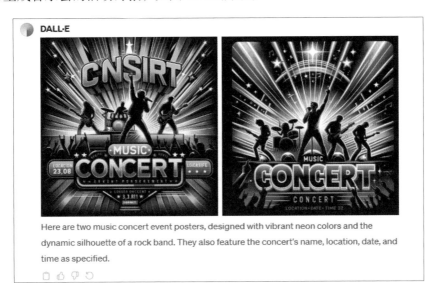

图10-23　DALL·E生成的音乐会活动海报效果

★ 专家提醒 ★

在开始设计之前，明确活动的性质、目标受众和想要传达的关键信息，这将帮助DALL·E更准确地生成符合需求的设计。

10.3　工业设计范例

工业设计是一种专注于制造工业产品的设计和艺术，它结合了观赏性和实用性，涉及创造和改进各种产品的外观、使用体验和功能。工业设计的关键目的是设计出满足用户需求和期望的产品，我们可以通过DALL·E等AI绘画工具快速实现。本节将以范例的形式向用户介绍使用DALL·E进行工业设计的操作方法。

10.3.1　建筑设计范例

建筑设计是指创建建筑物和结构的过程，它融合了艺术、科学和技术，以创造出既实用又美观的空间。建筑设计不仅设计建筑物的外观，还包括其结构、功能、持久性和与环境的互动，我们可以通过DALL·E来快速进行建筑设计，效果如图10-24所示。

扫码看教学视频

图 10-24　DALL·E 生成的建筑设计效果

下面介绍生成建筑设计图的具体操作方法。

步骤 01 向 ChatGPT 获取建筑设计的信息，在输入框中输入"有哪些类型的建筑设计？"如图 10-25 所示。

图 10-25　输入相应的提示词描述

步骤 02 按【Enter】键确认，即可让 ChatGPT 提供不同类型的建筑设计信息，如图 10-26 所示。

> **ChatGPT**
>
> 建筑设计有多种类型，每种类型都有其独特的特点和用途。以下是一些主要的建筑设计类型：
>
> 1. **住宅建筑设计**：这涉及设计住宅，如单户住宅、公寓、别墅和小区。重点在于创造舒适、实用且美观的居住空间。
> 2. **商业建筑设计**：设计商业用途的建筑，如办公楼、商场、酒店和餐厅。这类设计强调品牌形象、客户吸引力和功能效率。
> 3. **工业建筑设计**：用于设计工厂、仓库和其他工业设施。重点在于优化空间布局，确保安全、高效的生产流程。

4. **教育建筑设计**：包括学校、大学、研究所等教育机构的设计，强调创造有利于学习和研究的环境。

5. **医疗建筑设计**：涉及医院、诊所、实验室等医疗设施的设计。这类设计需要考虑高度的功能性、安全性和可访问性。

6. **文化建筑设计**：如博物馆、图书馆、剧院和音乐厅等，这些建筑通常具有独特的建筑风格，反映文化价值和艺术表达。

7. **可持续建筑设计**：强调环保和可持续性，利用绿色技术和材料，减少对环境的影响。

8. **景观建筑设计**：涉及户外空间的规划和设计，如公园、花园、庭院和城市空间。

9. **内部建筑设计**：专注于建筑内部空间的设计，包括室内布局、装饰和家具选择。

每种类型的建筑设计都有其特定的要求和挑战，设计师需要根据建筑的用途、位置、文化背景和客户需求来制定设计方案。

图 10-26　ChatGPT 生成不同类型的建筑设计信息

步骤03 继续在 ChatGPT 中输入"请根据商业建筑设计的信息，提供一段商场的建筑设计 AI 绘画提示词，字数在 80 字左右"，按【Enter】键确认，即可生成商场建筑设计的提示词，如图 10-27 所示。

ChatGPT
"设计一幢现代风格的商场建筑。建筑外观以玻璃和钢材为主，具有透明和光滑的特点，创造开放和透亮的视觉效果。商场前有宽敞的广场，配有艺术装置和休息区。整体建筑线条流畅，显现出现代都市的活力和时尚感。"

图 10-27　ChatGPT 提供商场建筑设计的提示词

步骤04 将获取到的提示词输入到 DALL·E 的输入框中，按【Enter】键确认，即可生成商场建筑设计，如图 10-28 所示。

DALL·E
这里是两张根据您的描述设计的现代风格商场建筑的图像。每幅图像展示了玻璃和钢材构成的透明、光滑外观，以及配有艺术装置和休息区的宽敞广场。

图 10-28　DALL·E 生成的商场建筑设计效果

扫码看教学视频

10.3.2 产品设计范例

产品设计是指设计一个产品的过程，它涉及想象、规划和实现一个新产品或改善现有产品的步骤，设计师将确定具体的材料、尺寸、颜色和其他细节。我们可以通过 DALL·E 来快速进行产品设计，效果如图 10-29 所示。

图 10-29　DALL·E 生成的产品设计图

下面介绍生成产品设计图的具体操作方法。

步骤01 向 ChatGPT 获取产品设计的信息，在输入框中输入"产品设计中有哪些常见的产品类型？"如图 10-30 所示。

图 10-30　输入相应的提示词描述

步骤02 按【Enter】键确认，即可让 ChatGPT 提供不同类型的产品设计信息，如图 10-31 所示。

步骤03 继续在 ChatGPT 中输入"请根据以上信息，提供一段平板电脑的 AI 绘画提示词，字数在 80 字左右"，按【Enter】键确认，即可生成平板电脑的提示词，如图 10-32 所示。

ChatGPT

产品设计领域涉及广泛的产品类型，这些产品可以大致分为以下几类：

1. **消费电子产品**：如智能手机、平板电脑、笔记本电脑、智能手表等。
2. **家用电器**：如冰箱、洗衣机、空调、微波炉等。
3. **汽车及交通工具**：包括传统燃油汽车、电动汽车、自行车、摩托车等。
4. **家具与室内装饰品**：如沙发、椅子、灯具、装饰品等。
5. **医疗设备与健康产品**：如健康监测设备、康复辅助工具、医疗器械等。
6. **玩具与儿童用品**：包括儿童玩具、学习用品、儿童家具等。
7. **运动与户外装备**：如运动服装、健身器材、登山装备、露营用品等。
8. **办公与商业用品**：如办公家具、商业展示架、专业工具等。
9. **计算机硬件与周边**：如键盘、鼠标、显示器、打印机等。
10. **软件界面设计**：虽然不是实体产品，但用户界面（UI）和用户体验（UX）设计也是产品设计的重要组成部分。

每个类别中都包含大量不同的产品，它们可能针对不同的市场需求、用户群体和应用场景进行设计。产品设计的核心在于创造满足用户需求和提供良好用户体验的产品。

图 10-31　ChatGPT 生成不同类型的产品设计信息

ChatGPT

"请绘制一款现代风格的平板电脑，展现其薄型设计和高清屏幕。平板电脑正放在一张木质桌面上，屏幕显示着色彩丰富的图形界面。旁边有一支触控笔和一杯咖啡，背景是模糊的室内环境。"

图 10-32　ChatGPT 提供产品设计的提示词

步骤 04 将获取到的提示词输入到 DALL·E 的输入框中，按【Enter】键确认，即可生成平板电脑的产品设计图，如图 10-33 所示。

Here are the images featuring the modern-style tablet with the specified details, including the time 12:00 displayed on its screen.

图 10-33　DALL·E 生成的产品设计图

10.3.3　包装设计范例

包装设计是指设计产品外部包装，使其具有吸引力、功能性和信息传达能力，以满足消费者的需求，确保产品在运输和储存过程

扫码看教学视频

中的安全性。使用 DALL・E 可以快速生成想要的包装设计，效果如图 10-34 所示。

下面介绍生成包装设计图的具体操作方法。

步骤 01 向 ChatGPT 获取包装设计的信息，在输入框中输入"有哪些常见的包装设计？"如图 10-35 所示。

步骤 02 按【Enter】键确认，即可让 ChatGPT 提供不同类型的包装设计信息，如图 10-36 所示。

图 10-34　DALL・E 生成包装设计效果

图 10-35　输入相应的提示词描述

> **ChatGPT**
>
> 包装设计是一个多样化且广泛的领域，它涉及到各种产品的外包装。常见的包装设计类型包括：
>
> 1. **食品与饮料包装**：这包括瓶装饮料、罐装食品、零食包装、冷冻食品包装等。这类包装不仅要吸引消费者，还需保证食品安全和保鲜。
> 2. **化妆品与个人护理包装**：例如化妆品瓶、护肤品罐、洗发水和沐浴露瓶等。这类包装通常注重美观、便携性和易用性。
> 3. **医药包装**：包括药品瓶、药盒、药片包装等。医药包装需确保产品安全，防止污染，同时提供必要的产品信息和指示。
> 4. **电子产品包装**：如手机、耳机、电子配件等的包装。这类包装旨在保护产品免受运输过程的损害，同时具有吸引消费者注意的外观。
> 5. **儿童玩具包装**：儿童玩具的包装通常色彩丰富、图案可爱，同时需考虑安全性和便于携带的设计。
> 6. **环保与可持续包装**：随着环保意识的提升，可回收材料、生物降解材料的包装越来越受欢迎。
> 7. **礼品包装**：礼品盒、礼品袋等，这类包装设计往往更加精美和具有创意，以增强礼品的感觉。
> 8. **快消品包装**：如洗洁精、洗衣粉等日常用品的包装，这类包装通常简洁实用，易于识别。
>
> 每种包装都有其特定的功能和目标市场，设计时需要考虑产品的保护、运输便利性、市场定位以及品牌形象等因素。

图 10-36　ChatGPT 生成不同类型的包装设计信息

步骤 03 继续在ChatGPT中输入"请提供一段耳机包装设计的AI绘画提示词，字数在80字左右"，按【Enter】键确认，ChatGPT的回答如图10-37所示。

> **ChatGPT**
>
> "请绘制一款创新且时尚的耳机包装设计。包装呈现光滑的矩形盒形，以鲜明的黑白色调为主。盒子的正面有耳机的逼真图像，旁边有简洁的品牌标志。背景是微光的抽象图案，营造出现代科技感。"

图 10-37　ChatGPT 提供耳机包装设计的提示词

步骤 04 将获取到的提示词输入到DALL·E的输入框中，按【Enter】键确认，即可生成耳机的包装设计图，如图10-38所示。

Here are the images of the innovative and stylish headphone packaging design as you described.

图 10-38　DALL·E 生成的包装设计图

10.4　商业 LOGO 范例

LOGO（标志）是特定品牌、组织、产品或服务的图形化符号或标志，它是一种简洁而独特的设计，通常由特定的图形或字母构成。一个成功的 LOGO 设计将使品牌或组织具有更易识别的形象，并在市场竞争中脱颖而出。本节将通过 DALL·E 介绍不同的商业 LOGO 制作范例，帮助大家熟练掌握 AI 绘画的技巧。

10.4.1　美妆品牌LOGO范例

扫码看教学视频

LOGO是品牌标志的核心，它能够有效地传达品牌的价值和特点。同时，LOGO也是品牌识别的重要工具，能够对品牌的成功和发展产生重大影响。本节向大家介绍如何使用DALL・E生成美妆品牌LOGO，效果如图10-39所示。

图10-39　DALL・E生成的美妆品牌LOGO效果

下面介绍生成美妆品牌LOGO的具体操作方法。

步骤01 向ChatGPT获取美妆品牌LOGO的提示词，在输入框中输入"请提供一段美妆品牌LOGO的AI绘画提示词，要求突出品牌的特点"，如图10-40所示。

图10-40　输入相应的提示词描述

步骤02 按【Enter】键确认，即可让ChatGPT提供美妆品牌LOGO的提示词，如图 10-41 所示。

图 10-41　ChatGPT 提供美妆品牌 LOGO 的提示词

步骤 03 将获取到的提示词输入到 DALL·E 的输入框中，按【Enter】键确认，即可生成美妆品牌的 LOGO，效果如图 10-42 所示。

图 10-42　DALL·E 生成的美妆品牌 LOGO 效果

10.4.2　平面矢量 LOGO 范例

扫码看教学视频

平面矢量 LOGO 的设计强调简洁、清晰的视觉效果，这种风格避免使用复杂的图案、阴影、渐变或其他三维效果，转而使用简单的图形、直接的线条和块状颜色，这使得 LOGO 易于识别，且在不同的背景和应用场景下都能保持一致的视觉效果。

平面矢量 LOGO 是一种灵活、多用途且易于使用的设计形式，适用于各种品牌和标志设计，效果如图 10-43 所示。

图 10-43　DALL·E 生成平面矢量 LOGO 效果

下面介绍生成平面矢量 LOGO 的具体操作方法。

步骤01 在 DALL·E 的输入框中输入相应的提示词，如"设计一个简洁的平面矢量 LOGO，以现代极简风格为主。使用鲜明的对比色彩，融合抽象的几何图形。LOGO 应体现创新和专业的品牌形象，易于在不同尺寸下识别"，如图 10-44 所示。

图 10-44　输入相应的提示词描述

步骤02 按【Enter】键确认，即可让 DALL·E 生成平面矢量 LOGO，效果如图 10-45 所示。

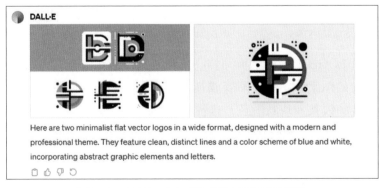

图 10-45　DALL·E 生成的平面矢量 LOGO 效果